Zu diesem Buch

Wer seine Liebe zu Garten und Grün an die Kinder weitergeben, wer seine Naturbegeisterung ansteckend machen möchte, kann auch aus dem kleinen Reihenhausgarten, selbst aus dem Balkon einen wirklichen Kinder-Garten machen.

Eine solche kindgerechte Anlage muß nicht viel kosten. Und sie ist auch nicht so schwierig einzurichten.

Wenn die Kinder im Garten selber werkeln und Erfahrungen machen können, wird er für sie zu einem Ort des Vergnügens und Beobachtens, des Lernens und Spielens und nicht zuletzt des lustvollen Naschens. Schmunzelnd verfolgt der Leser, wie Tilo, der Sohn der beiden Autoren, eineinhalbjährig, z. B. mit «Kresse-Damen» umgeht. Und das nicht nur zur Sommerzeit. Auch im Winter gibt es im Garten viel zu tun. Und sogar im Februar kann noch geerntet werden: der Gemüsegarten wird zum Lust- und Spielobjekt.

Die vielen Tips und Anregungen, die die Autoren mit ihren Geschichten und Bildern geben, stammen aus ihrer beruflichen Praxis sowie aus dem Erleben mit dem eigenen Sohn. Sie werden abgerundet durch Erfahrungen, die genauso gartenbegeisterte Freunde und Bekannte mit Kindern im Garten gemacht haben.

Fast überflüssig zu erwähnen, daß Kinderorientierung auch heißt: ökologische Orientierung.

Dies ist ein Titel der Reihe *rororo Elternrat*. Alle Bücher dieser Reihe sind der Überzeugung verpflichtet, daß im Umgang zwischen Eltern und Kindern die Empfindungen beider – der Kinder wie der Erwachsenen – gleich wichtig sind. Weitere Informationen über *rororo Elternrat*: S. 157.

Der Herausgeber bittet um Anregungen und Kritik an folgende Adresse: Büro für wissenschaftliche Publizistik Dr. Horst Speichert, Teutonenstr. 34 e, 6200 Wiesbaden.

Inge Schmollinger-Bornemann
und Heino Bornemann

Kinder, Kresse, rote Rüben

Tips und Geschichten für Eltern mit Garten oder grünem Balkon

rororo
rororo Elternrat

Elternrat: Seit Ende der 60er, Anfang der 70er Jahre gibt es eine Bewegung von Eltern, die neue Formen des Umgangs suchen und erproben – in der Familie, in Krabbelstuben und Kinderläden, in Kindergärten, in freien Schulen ebenso wie in der staatlichen Schule. Wenn solche Eltern zusammenkommen, um ihre Probleme zu besprechen und sich auszutauschen, dann heißt es oft: «Wir sehen uns morgen abend beim Elternrat ...»

rororo Elternrat wird von Horst Speichert herausgegeben
Umschlag: Günther Stiller, Taunusstein

Bildnachweis: Heino Bornemann, Günther Stiller, dpa, Wolfgang Renz

Originalausgabe
Veröffentlicht im Rowohlt Taschenbuch Verlag GmbH,
Reinbek bei Hamburg, März 1984

Satz Times (Linotron 404)
Gesamtherstellung Clausen & Bosse, Leck
Printed in Germany
1080-ISBN 3 499 17818 4

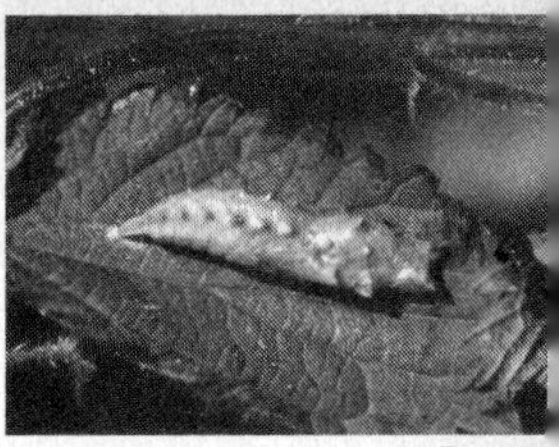

Puppe

Inhalt

Kapitel 1

Kindheit, Garten, Kinder

Kapitel 2

Garten mit Kindern: Idee und Planung

Kapitel 3

Schöne Spargel. Kann der Tilo essen: Von Gemüse, Mischkulturen und Bodenpflege

Kapitel 4

Obstgarten: Ernten bis zum «Gehtnichtmehr»

Kapitel 5:

Es blüht so grün...

Kapitel 6

Tiere im Garten: «Kohl für den Hasen» und andere Abenteuer

Kapitel 7:

Wasser, Sand und andrer Kram

Kapitel 8:

Gefahren im Garten

Stichwort

Tagpfauenauge

Kapitel 1

Kindheit, Garten, Kinder

Inge: Eine Idylle – wirklich

Vor kurzer Zeit machte ich bei einem Seminar ein Imaginationsspiel mit. Jeder begab sich in eine entspannte, bequeme Lage und schloß die Augen. Die Aufgabe war zu sehen, welche Bilder zu dem Stichwort «Mein Lieblingsplatz» in einem aufsteigen würden. Eine angenehme Musik erfüllte den Raum und begleitete den Gang meiner Gedanken.

Ich sah mich alsbald in unserem Garten am Haus. Ich saß in der Nähe der Teiche auf den Bahnschwellen am unteren Plätzchen.

Nach einer Weile lag ich entspannt in einer Hängematte am selben Platz. Ich fühlte das leichte Schaukeln. Ein sanfter, warmer Wind strich über mich, der zuerst einen Hauch Lavendelduft, dann die würzigen Gerüche von Thymian und Pfefferminze zu mir trug.

Am Rande des rundherum bewachsenen Teiches saßen zwei Frösche auf einem warmen Stein. Ab und zu hörte ich ihr Quaken. Eine Seerose war halb aufgeblüht, eine andere schwamm in voller Blüte neben ihren Blättern auf dem dunklen Wasser. Gräser, Irisblätter und auch die Blätter des kleinen, buschigen Mandel-

Pfauenauge

baums bewegten sich leicht. Vogelgezwitscher war aus den nahen Bäumen zu hören. Wie aus der Geborgenheit eines üppig bewachsenen Tales schaute ich während des Schaukelns zur anderen Seite. Hier konnte ich über blühendes Heckenrosengebüsch hinweg zum Horizont sehen. Ich betrachtete den Zug der Wolken und ihre schnelle Veränderung. Es begann, Abend zu werden, die rote Sonne kam der Erde immer näher, um ganz langsam wegzutauchen.

Da sah ich meinen kleinen Sohn Tilo im Sandkasten auf dem Plätzchen sitzen. Er war ganz in das Sandspiel vertieft, und ich hörte seine helle Kinderstimme. Mein Blick wanderte, und ich sah Heino, meinen Mann, auf dem Plätzchen stehen. Genüßlich zog er an seiner Pfeife und stieß kleine Rauchwölkchen aus. Dann legte er ein paar Holzstücke auf das kleine Feuerchen, das in der Mitte des Plätzchens brannte.

Meine Augen blieben an den Flammen hängen, und lange schaute ich ihnen zu, wie sie die Hölzer umzingelten und hin und her flackerten. Der Rauch stieg mir in die Nase, und mit seinem Geruch mischte sich der Duft feuchter Erde. Ich schaute wie im Traum, schaukelte leicht, genoß alles und fühlte mich sehr wohl, bis das Imaginationsspiel sein Ende fand.

Diese Bilder sind insofern unwirklich, als sie ein Stück meiner Realität in sehr gedrängter Form zeigen – und zugleich überzogen mit einem Zuckerguß von Harmonie, wie man sie sich eben nur erträumen kann. Aber sie enthalten doch auch sehr viel von meiner Alltagswirklichkeit. Und sie haben mir in dieser Stunde der

Kindheit, Garten, Kinder

Selbstversenkung bei entspannender Musik verdeutlicht, wie sehr mir das Leben im Garten gefällt, wie gut es mir tut – wie wichtig der Garten für mich und meinen Alltag ist.

Hätte mir Anfang der 70er Jahre einer gesagt: «Paß auf, in zehn Jahren hast du ein eigenes Haus, einen Mann, ein Kind und fühlst dich am wohlsten in deinem Garten» – ich hätte denjenigen wohl abschätzig-mitleidig als armen Tropf belächelt, der seine eigenen Vorstellungen anderen unterjubeln möchte. Seine Bilder wären mir damals wie die einer totalen Idylle vorgekommen, und ich hätte sie als sehr unpassend empfunden – unpassend für mich und unpassend für die Zeit, in der ich lebe.

Aber nun paßt es doch, und ich fühle mich wohl dabei und zeige nicht die geringsten Gewissensbisse. Was ist geschehen?

Die Veränderungen kamen nicht plötzlich. Was jetzt für mich richtig ist, entwickelte sich in diesen letzten Jahren langsam. Aber es hat – genaugenommen – schon in meiner Kindheit begonnen.

Ob das, was heute für mich richtig ist, auch noch später gilt, weiß ich nicht. Sicher gehen die Entwicklungen und Lernprozesse weiter. Im Moment ist jedenfalls festzuhalten: neben aller Arbeit und allem Engagement in meinem Beruf als Sozialpädagogin im Nachbarschaftshaus Wiesbaden und über den Rahmen des Berufs und der Familie hinaus ist mir ein Stück unseres Lebens wichtig, in dem ich mich wohl fühle, in dem ich mich erholen und erfreuen und in dem ich Kraft schöpfen kann. Und zu diesem Stück

Schwalbenschwanz

Schwalbenschwanz-Raupe

Leben gehört für mich auch der Garten. Und ich weiß, daß das in großem Umfang auch für Heino und unseren Sohn Tilo zutrifft.

Dieses Buch beschreibt unser momentanes lustvolles, gelegentlich auch mal frustiges, zumeist arbeitsintensives Leben mit Kleinkind in und mit dem Garten. Es beschreibt Erlebnisse, Erfahrungen, die wir machten, und versucht, einiges an Hintergrundwissen zu vermitteln, das wir dazu brauchten und von dem wir annehmen, daß es auch für andere Eltern interessant und nützlich sein wird.

Wie hat «das mit dem Garten» bei uns angefangen? Wie waren sie, als wir selbst Kinder waren, die Gärten unserer Kinderzeit?

Heino: Gartenarbeit statt Hausaufgaben

Als ich sechs Jahre alt war, zogen meine Eltern mit meinem Bruder und mir in ein halbfertiges Haus auf einem Heidegrundstück am Stadtrand von Hamburg. Das kindliche Vergnügen am «Mithelfen» beim weiteren Hausbau wurde schnell zur lästigen Pflicht.

Voller Neid habe ich die Arbeiten zur Urbarmachung auf dem Grundstück nebenan wahrgenommen. Mein Bruder und ich bekamen dann zwei alte Spaten und einen Rechen in die Hand und «durften» uns unseren eigenen Garten anlegen. Ein Bild habe ich noch heute vor Augen: wie Jürgen und ich im typischen Hamburger Nieselwetter ein Stück Heide urbar machten. Für jeden kamen ca. 10 qm Fläche mitten in der

Heide heraus, die aber nach der Ernte der ersten Radieschen in Vergessenheit gerieten.

Wir Kinder waren für die Kaninchen und Hühner (über mehrere Jahre die einzigen Braten im Haus) «zuständig» – das hieß vorrangig: Futter suchen, füttern und ausmisten.

Irgendwie war nach längerer Zeit das ganze Grundstück bearbeitet und hatte sich in einen eher weniger ertragreichen Kartoffel- und Gemüsegarten mit Sandboden verwandelt.

Wir Kinder hatten jeden Tag vor dem Spielen mindestens 100 Unkräuter zu jäten.

Mein bewußtes Interesse wurde vermutlich erst durch den blumenreichen Nachbargarten mit seinem üppigen Gemüse geweckt, gegen den sich unser steppenähnlicher Vorgarten mit seinem vielen Unkraut sehr bescheiden ausnahm. Da war ich etwa zehn Jahre alt. Häufiger kam es damals vor, daß ich mit Hilfe von Schwindeleien keine Hausaufgaben für die Schule, dafür aber Gartenarbeit machte. Ein besonderes Erlebnis dabei war, daß ein Freund bei entsprechenden Rügen durch Lehrer entrüstet erklärte, wenn man soviel im Garten arbeiten würde, bliebe ja keine Zeit für die Hausaufgaben.

In diese Zeit fallen auch Versuche, schöne Wildpflanzen aus dem nahen Moorgebiet in den Garten zu pflanzen (leider erfolglos).

Das Interesse am Garten wurde für mich später berufsentscheidend durch das Argument einer im Haus wohnenden Lehrerin: «Es ist doch schön, sein Hobby zum Beruf zu machen.»

Das hat jedoch von Anfang an nicht gestimmt, weil die Arbeitsbedingungen und -in-

Zitronenfalter

halte selbst bei Ähnlichkeit im Grundsätzlichen nicht vergleichbar sind. Das Ergebnis war für viele Jahre der schmerzhafte Verlust von «Vergnügen am Garten» und Wut auf die Ahnungslosigkeit von Pädagogen. Die geht manchmal bis zur Ungerechtigkeit und hat sich noch immer nicht verloren.

Mir fällt das immer wieder ein, wenn junge Leute zu uns kommen und eine Lehrstelle in einem möglichst alternativen Gartenbau- oder Landwirtschaftsbetrieb suchen. Aus den Gesprächen geht dann regelmäßig hervor, daß sie einen idyllischen Familienbetrieb vor Augen haben, in dem man zwar (manchmal) auch körperlich arbeiten muß, ansonsten aber Pflanzen und Tieren nur seine ganze Liebe und Zuneigung geben muß. Wenn ich dann schildere, wie das ist, wenn man sechs Wochen im Hochsommer bei brütender Hitze kopfüber auf dem Akker ohne jeden Sonnenschutz Edelaugen in die Wurzelhälse von Rosenwildlingen einsetzt (veredeln!) oder im Gewächshaus wochenlang Stecklinge bearbeitet, kommen ihnen schnell Zweifel an ihren idyllischen Phantasien. Die Arbeit in einem Gartenbaubetrieb und Freude am Garten haben in etwa soviel miteinander zu tun wie die Fließbandarbeit im Automobilwerk mit der Rennfahrerleidenschaft am Steuer eines Autos.

Schulgarten, Biologie- und Botanikunterricht sind keine Grundlage für die ehrliche und ernsthafte Berufsberatung. Auch Lehrer sollten endlich ihre Vorstellung vom Gärtner mit der grünen Schürze und dem Strohhut über Bord werfen.

Inge: Meine Zuflucht unter den Johannisbeerbüschen

Kindheit, Garten, Kinder

Meine Kinder- und Jugendjahre erlebte ich im Kreis meiner großen Familie als ältestes von fünf Kindern in einer schwäbischen Kleinstadt. Wir bewohnten das großelterliche Haus mit einem etwa 400 qm großen Garten.

Der Garten bedeutete für mich zunächst einmal einen Zufluchtsort, an dem ich mich verbergen, verstecken, dem allgemeinen Trubel für eine Weile entziehen konnte. Das war im Haus nicht so gut möglich. Ich sehe mich unter den Johannisbeerbüschen, wo keiner mich sehen konnte, etwa mit Freunden die (zu Hause verpönten) Micky-Maus-Hefte lesend, Vaterle-Mutterle- und auch Doktor-Spiele spielend, später um auszuprobieren, wie eine Zigarette schmeckt.

An ein Erlebnis erinnere ich mich noch sehr genau. Im Handarbeitsunterricht der 3. Klasse hatte ich einmal einer Mitschülerin die Zunge herausgestreckt. Die Lehrerin hatte das auf sich bezogen und mich zur Strafe vorzeitig nach Hause geschickt. Ich fühlte mich sehr schlecht mit einer Mischung aus Ärger, Demütigung und Angst in mir. Ich wollte auf keinen Fall, daß mein strenger Vater Wind von der Sache bekam, und schlich in den Garten, verbarg mich hinter dem Rosenkohl und spähte zur Straße hinaus, um zu sehen, wann die anderen Kinder von der Schule heimkamen. So konnte ich, ohne viel Aufsehen zu erregen, zur rechten Zeit wieder zu Hause aufkreuzen.

Wenn ich an unseren Garten von früher

Segelfalter

denke, taucht auch sogleich das Bild der Holzhütte neben dem Haus vor meinem inneren Auge wieder auf. Hier wurde Feuerholz gestapelt und Gartenwerkzeug aufbewahrt und auch unser einziger Liegestuhl. Hier spielten wir sehr gerne, richteten uns Haus und Wohnung ein. Gefühle von Geborgenheit und Entdeckerfreude verbinden sich in meiner Erinnerung mit dem Bild der Hütte, die inzwischen einem Anbau gewichen ist.

Der Garten war aber für meine Erlebniswelt als Kind noch aus anderen Gründen wichtig. Bei Nachbarskindern, insbesondere bei denen, die selbst keinen Garten hatten, war es sehr begehrt, in unseren Garten hereinkommen zu dürfen. Ich fühlte meine Privilegierung, die Macht, eine Gunst erweisen zu können oder auch nicht. Soviel ich mich erinnere, durften wir Kinder selbst entscheiden, wen wir in den Garten hereinließen und wen nicht. Allerdings war es nicht der Garten allein, der die anderen anzog, eine wichtige Rolle spielte auch, daß in diesem Garten immer etwas los war, weil wir ziemlich ungehindert spielen konnten.

Ärger gab's nur, wenn wir den unreifen Beeren nicht widerstehen konnten. Da wurden wir von meiner Mutter, die den Garten hauptsächlich bearbeitete, ernsthaft vermahnt. Überhaupt war das Naschen im Garten für mich und meine Geschwister sehr wichtig: wir «kochten» und aßen dauernd irgend etwas, sogar die Blätter des Knöterich, der unsere Laube wild überwucherte. Sie schmeckten ähnlich wie Sauerampfer und mußten bei unseren Spielen für so manches Menü herhalten.

Die «richtigen» Sachen zum Essen ließen wir meistens stehen. Meine Mutter war sehr froh über alles, was da wuchs und was sie für uns, meist schmackhaft zubereitet, auf den Tisch bringen konnte.

Gelegentlich wurden wir dazu angehalten, bei der Gartenarbeit zu helfen. Ich tat das nicht mit großer Begeisterung. Einen Widerwillen gegen Gartenarbeit entwickelte ich aber auch nicht, da ich nie gezwungen wurde. Interesse an den Pflanzen und Freude an dem Wissen darüber hatte ich bestimmt. In den entsprechenden Schulfächern hatte ich keine Mühe, gute Noten zu bekommen.

Von Bedeutung war für mich auch zu erleben, daß ein so zwangloser Umgang mit der Natur nicht überall selbstverständlich war. Es muß schon in der Realschulzeit gewesen sein. Eines Nachmittags ging ich mit Barb, einer Freundin, in ein feuchtes Gebiet am Bach, um eine Pflanze, von der wir im Unterricht gesprochen hatten, zu suchen und mitzubringen. Wir fanden das Schafbockskraut ohne Mühe, hatten allerdings beide nasse Schuhe und Strümpfe nach dieser Aktion. Barb brach in Tränen aus, weil sie die Befürchtung hatte, von ihrem Vater deshalb bestraft zu werden. Ich ging darum mit ihr nach Hause, um ihn zu besänftigen, was mir auch gelang. Bei uns gab es wegen so etwas kein Theater.

Diese Begebenheit zeigt auch, daß ich mit der Zeit mein «Revier» weit über unseren Garten hinaus ausgedehnt hatte und mir der Garten zwar angenehm blieb, aber zunehmend weniger wichtig wurde. Im Haus hatte ich übrigens auch

Distelfalter

von meinem zehnten Lebensjahr an mein eigenes kleines Dachzimmerchen als Rückzugsmöglichkeit.

Inge: Ein Balkon mit Mauerpfeffer, Estragon und Jelängerjelieber

Heino und ich hatten uns 1970 in Berlin kennengelernt und bald einen gemeinsamen Studentenhaushalt gegründet. Wir hatten das Glück, in einem alten Gebäude auf einem Friedhof eine kleine Wohnung zu finden, um die herum alles schön grün war. Heino arbeitete damals halbtags als Gartenbauingenieur und studierte Landschaftsplanung; ich studierte an der Fachhochschule für Sozialpädagogik. So stand uns beiden der Sinn damals nach anderem als dem Anlegen von Gärten.

1974 bekam Heino eine Anstellung in Wiesbaden, und ich setzte mein Studium in Pädagogik an der Uni in Frankfurt fort. So ließen wir uns erst mal in Wiesbaden nieder. Wir waren froh, eine geräumige Wohnung in einem Altbau zu finden, die sogar zwei Balkons und einen Erker hatte, der von uns rundum mit Balkonkästen bepflanzt wurde.

Vor allem auf dem Küchen-(Süd-)Balkon in voller Sonne wurde viel ausprobiert. In große Erdkübel pflanzten wir Tomaten, von denen wir üppig ernten konnten. In den normalen Balkonkästen gediehen Küchenkräuter wie Schnittlauch, Petersilie, Zitronenthymian, Salbei, Basilikum und anderes. Estragon wucherte in einer Balkonecke in einem größeren Gefäß.

Mit Bohnen, die den Balkon beranken sollten, hatten wir kein Glück. Denen war es zu heiß. Dennoch bereicherte unser Balkon den Küchenzettel ganz schön. Auf dem West-Balkon an der Vorderseite des Hauses fand man eher Blühendes – z. T. auch Pflanzen, die wir unterwegs auf Spaziergängen ausgegraben hatten, wie Fetthenne, Mauerpfeffer, Jelängerjelieber, Margeriten, aber auch Petunien und Geranien. Wir fanden unsere üppig und wild sprießenden und blühenden Balkons sehr schön, auch von vielen Nachbarn wurden sie bestaunt. Wir frühstückten draußen, wenn Wetter und Zeit es zuließen, und genossen so das Draußensein, wenn auch nur auf wenigen Quadratmetern. Übrigens sieht man sie inzwischen häufi-

Wein oder Rosen: Unser Garten am Haus

Großer Fuchs

ger, die phantasievoll bepflanzten Balkons, deren üppige Pflanzen nicht ständig durch fein manikürte Hände bis zur Badezimmer-Sterilität dressiert werden.

Bei Freunden, die wir in dieser Zeit häufig besuchten, lernten wir ein Leben mit dem Garten kennen, das uns sehr gefiel. Erinnerungen an eigene Gartenerlebnisse wurden wieder wach. Dieses Freundespaar hatte zwei kleine Kinder, die draußen ungezwungen herumtollen konnten. Und auch für die Erwachsenen gab es in diesem Garten genug reizvolle Möglichkeiten, sich an Neuem zu erproben, etwa – was damals gerade aktuell war – ein Hügelbeet anzulegen.

In dieser Zeit lebte unser Bedürfnis nach einem Garten wieder auf, der mit der Wohnung verbunden und Bestandteil des Lebensraumes ist. Das Leben mit dem Kleingarten hatten wir in jener Zeit auch kurz kennengelernt, als wir in der Urlaubszeit mal einen betreut hatten. Das hatte zwar durchaus seine Reize, aber es wurde uns, besonders Heino, klar, daß Leben mit und in dem Garten für uns nur im Zusammenhang mit dem Wohnen vorstellbar ist.

So begannen wir zu suchen, Alt- und Neubauprojekte unter die Lupe zu nehmen, bis dann endlich ein kleines (knapp 300 qm großes) Grundstück im Umland von Wiesbaden gefunden war, auf dem eine Doppelhaushälfte für uns gebaut wurde. Im Sommer 1978 zogen wir in ein halbfertiges Haus – von Garten konnte damals noch keine Rede sein.

Allerdings hatte Heino, was den Garten angeht, Vorsorge getroffen, von Anfang an aufgepaßt: der Mutterboden (die oberste Bodenschicht) war sorgfältig abgetragen und gesichert worden. Und auch bei den Anfüllarbeiten war Heino dann dabei, damit nichts schieflaufen konnte und z. B. kein «Feldherrnhügel» angefüllt wurde. Als dann im Haus das Gröbste fertig war, gingen wir an die Gartengestaltung.

Die Gartenplanung hatten wir – insbesondere Heino – nach Vertragsunterzeichnung gleich begonnen. Aber nun wurde alles viel konkreter.

Was soll im Garten für uns möglich sein? Was kann man mit so einem kleinen, hinter dem Haus gerade 200 qm großen Stück in Hanglage überhaupt machen?

Auf alle Fälle wollten wir eine gute Verbindung von innen und außen, bei schönem Wetter sollte sich ohne großen Aufwand möglichst viel draußen abspielen können. Wir wollten gemütlich draußen sitzen, möglichst so, daß nicht jeder Nachbar oder Passant vom Feldweg aus uns in die Kaffeetassen sehen kann. Alles sollte so gestaltet sein, daß auch mal Feste mit vielen Leuten ohne Probleme im Garten möglich sind.

Da wir im Haus auf einen offenen Kamin aus Platzgründen verzichtet hatten, wollten wir außen die Möglichkeit haben, mal ein kleines Feuer zu machen, um drum herum zu hocken, ebenso die Möglichkeit, etwas zu grillen. Dann wollten wir noch einen Teich und viele schöne, blühende Pflanzen und Bäume, die bald groß werden und uns Schatten geben. Und dann sollte es auch mal möglich sein, den Garten kindgerecht umzubauen, denn wir wollten ja Kinder haben. Außerdem sollte das Ganze auch landschaftsgerecht gestaltet und die Ansiedlung von Tieren möglich sein. Die 08/15-Doppel-

Aurorafalter

hausarchitektur sollte durch Bäume, Pergolen- und Fassadenbegrünung zugedeckt werden.

Die Pläne, auf unseren 200 Quadratmetern auch Gemüse und Obst anzubauen, strichen wir bald, weil wir ein Stück Gartenland von ca. 500 qm ganz in der Nähe, in Sicht- und Rufweite unseres Hauses, pachten konnten.

Nun aber wieder zum Hausgarten. Dort verzichteten wir ganz auf Wiese oder Rasen, bauten oben am Haus eine «Sitzmulde» als Terrasse, rundherum mit Bahnschwellen als «Sitzmauer» eingefaßt, und überbrückten den Hang auf der einen Seite mit einer Treppe (Methode: Bahnschwellen-altes Basaltpflaster). Auf der anderen Seite entstand ein schmaler Kletterpfad aus Sandsteinfindlingen. Unten gab es einen Platz mit Bahnschwellenumrandung (Sitzgelegenheit) und einer kleinen Feuerstelle (Bodenbelag: Sandsteinfindlinge). Hier ist heute auch der Sandkasten (s. dazu auch S. 123) eingebaut. Vom Platz aus ziehen sich zwei Wege: ein etwas breiterer und ein ganz schmaler, zum unteren Gartenausgang, beide ebenfalls mit Findlingen belegt. Auf der anderen Seite befinden sich in einer Mulde zwei kleine Teiche.

Zuerst planten und bauten wir sozusagen das Grundgerüst des Gartens, nach und nach kamen die Details wie Teiche, Grillplatz (an der Seite des Platzes, etwas versteckt), die große Pergola, um Kiwis ranken lassen zu können und um mit Sonnensegeln die obere Sitzmulde zu schattieren (Südseite!!) etc.

Auch jetzt ist der Garten noch nicht «fertig»; Heino pflanzt laufend hin und her, die vielen Iris sollen in der Farbe gut harmonieren. (Iris sind sein Spezialhobby, und mir gefallen sie auch sehr gut.) Pflanzen, die nicht gedeihen oder zu wild wuchern, werden herausgenommen. Ein stabileres Gerüst für eine Schaukel (die bisher an der Pergola hängt) muß her, und auch ein Spielhäuschen in der Nähe des Sandkastens ließe sich einpassen.

Ich wünsche mir die Aufhängemöglichkeit für eine Hängematte zwischen den Teichen und dem Platz – auch das kann noch integriert werden. Nur bei Heinos Gewächshaus ist noch unklar, wo dieses hinkommen kann.

Je mehr der Garten genutzt wird, desto mehr kommen wir auf Ideen, entwickeln sich neue Bedürfnisse.

Nie hätte ich gedacht, daß so viel auf einem so kleinen Grundstück überhaupt möglich ist. Bei der Kleinheit, um nicht zu sagen Winzigkeit des Gartens hatte ich am Anfang einige Befürchtungen vor dem «Kindertest»: Wenn Kinder zu Besuch kommen und wenn wir eigene Kinder haben, wird der geringe Platz als Spielmöglichkeit reichen?

Bisher fanden die Kinder den Garten alle «prima», besonders die vielen lauschigen Plätzchen und Winkelchen, die sie als Wohnung oder Lagerle einrichten; auf den Wegen und Pfaden immer neue Möglichkeiten von «Rennstrekken» für «Wettrennen» u.ä. zu «entdecken», war für sie offenbar ebenfalls stets anregend. Natürlich erhöhte sich der Spielwert des Gartens noch, seit Tilo, der im Mai 1981 geboren wurde, hier mitmischt und Sand und Schaukel dazukamen und im Sommer gelegentlich noch ein Planschbecken.

Heino: Wie wir zu Obst- und Gemüsegärtnern wurden

Etwa zur Zeit des Einzugs in unser neues, noch nicht fertiges Haus (August 1978) konnten wir nicht weit entfernt ein 500 qm großes Stück Gartenland (s. a. S. 21) pachten.

Gern hätten wir eine Obstwiese – möglichst mit alten Obstbäumen – gehabt und den einen oder anderen Obstbaum oder ein paar Beerensträucher dazugepflanzt. Es sollte nicht in Arbeit ausarten, weil wir ja mit Haus, Beruf und Sonstigem genug zu tun hatten. Dieses Grundstück nun – das einzige, das wir bekommen konnten – wies keinen einzigen Obstbaum auf, dafür acht ungepflegte rote Johannisbeerbüsche und verwilderte Erdbeeren. Ansonsten hatte sich die Natur das Stück schon wieder zurückerobert – der ehemalige Garten war wieder zur Wiese bzw. zum «Unkrautacker» geworden.

Der Kollege, der uns das Grundstück verpachtete, wollte uns den Beginn erleichtern, indem er die Wiese umbrach und mit seinem Traktor schön fein fräste. Das Ergebnis war eine tolle Vermehrungsaktion der Wurzelunkräuter (Winden und Quecken), die im folgenden Jahr mit ungeheurer Kraft alles blitzschnell grün werden ließ.

Die Obstbäume von verschiedenen Apfel- und Birnensorten über Zwetschen und Nektarinen bis zur Walnuß wurden noch im Herbst gepflanzt.

Es war jetzt aber noch viel Platz vorhanden, denn die Bäume waren ja noch klein. «Unnütz» liegen lassen kam nicht in Frage. Also wurde der Beschluß gefaßt, solange die Bäume klein sind, ziehen wir uns ein wenig Gemüse, Kräuter und ein paar Blumen.

Die ersten Versuche mit Gemüse waren so erfolgreich, daß wir ein Jahr später beschlossen, das Ganze intensiver zu betreiben. Von Freunden bekamen wir Ziegen- und Pferdemist. Zur Bekämpfung des Unkrautes pflanzten wir größere Flächen mit Kartoffeln – bei den Winden jedoch ohne viel Erfolg.

Sehr lästig empfanden wir die Pflege der vielen Wege zwischen den Beeten. Einige Gemüsekulturen (Möhren) wurden auf den Beeten so von Schädlingen heimgesucht, daß einem die Tränen kommen konnten – wir hatten weder eine Spritze noch Lust, uns mit den zahlreichen Mitteln zu beschäftigen. Die auch von mir ursprünglich eher abfällig belächelte kleingärtnerische Mischkultur wurde nun doch interessanter, denn daß beispielsweise Möhren durch Zwiebeln geschützt werden, wußte ich noch aus meiner Kinderzeit.

Jetzt wurde viel gelesen und alles mögliche ausprobiert – nicht immer mit vollem Erfolg. Inzwischen haben sich unsere Ansprüche und Ziele an den Obst- und Gemüsegarten verändert: Immer noch wollen wir Obst aus dem eigenen Garten haben – es muß aber nicht mehr die Obstwiese sein.

Seit etwa drei Jahren werden Gemüse, Salate und Kräuter (einschließlich Kartoffeln) rund um das ganze Jahr angebaut – es gibt im «Gut» (so nennen wir den Obst- und Gemüsegarten) keine Pause – selbst im tiefen Winter ist zu ernten (Grünkohl, Rosenkohl und auch Feldsalat werden aus dem Schnee gegraben). Ab Februar ziehen wir schon wieder neue Pflanzen auf der Fensterbank.

Gedüngt wird mit Kompost und kompostiertem Mist. Das ganze Jahr über (einschließlich Winter) wird der Boden bedeckt gehalten (Gründüngung und Mulchen). Dadurch verschlämmt er nicht bei Nässe und wird bei Sonnenschein nicht hart.

Seit Tilo da ist, wurde das «Gut» auch zum Spielplatz. Säen, pflanzen und ernten, Blumen pflücken, gießen, Unkraut rupfen sind für ihn wichtig. Mäuse suchen, Schnecken sammeln, Raupen und Regenwürmer untersuchen, abgeschnittenes Laub zum Mulchen tragen, Kompost fahren, Pfähle heranschaffen und Wasserkanister transportieren – diese und noch manche anderen Arbeiten lassen ihn oft den eigens für ihn eingerichteten Sandhaufen vergessen.

Bisher haben wir Tilo bei allen Arbeiten beteiligt – auch im Winter bei den ersten Aussaaten für die Fensterbank. Wenn er eines Tages einen «eigenen Garten» will, wird er ihn bekommen – ob er wollen wird, wird sich zeigen.

Im Augenblick sind wir froh, daß wir ständig Gemüse und Obst zur Verfügung haben, bei dem wir wissen, «was drin und was drauf ist», und daß wir mit Tilo und für Tilo immer «Frisches» aus dem Garten holen können. Überschüsse verschenken wir. Wir freuen uns über die Anerkennung der beschenkten Freunde und Bekannten. Manchmal hilft dieser oder jener auch bei der Gartenarbeit. Dabei wird dann oft und viel über gesunde Ernährung, gesunde Nahrungsmittel und dergleichen diskutiert.

Über eines wird jedoch nicht gestritten: Das Zeug aus dem Garten schmeckt!

Steinhüttenbach – ein Garten zur freien Verfügung der Kinder

Im Mai 1983 besuchten Heino und ich (Inge) mal wieder Gabi und ihre Familie, nicht zuletzt, um mehr über Steinhüttenbach zu erfahren, über das wir in diesem Buch unbedingt berichten wollten.

«Wie hat das angefangen?»

«Ganz am Anfang war da ein Stück Garten, das wir Erwachsene den Kindern zur freien Verfügung überließen. Zuerst fing es klein an: etwas Sand lag herum und noch Reste der Baustelle. Die Kinder buddelten», erzählt Lev. Er und Gabi hatten Anfang der 70er Jahre gemeinsam mit drei anderen Familien vier Reihenhäuser gebaut. Außer den Hausteilen für jede Familie gab es im Keller gemeinsame Räume (Sauna, Ruheraum, Kinderspielraum). Auch der nicht sehr große Garten rund um die Reihenhauszeile wurde gemeinsam angelegt. Ein Stück davon, etwa 50 qm gaben sie den Kindern Kai, Felix, Katja, Nickel und Xaver, die zu dieser Zeit so um die vier Jahre alt waren.

Felix (13 J.) erzählt: «Am Anfang war da doch das große Erdloch, in das wir richtig reinkriechen konnten. Oben drüber legten wir Bretter, dann war das Erdloch wie eine Höhle.»

Sie konnten auf ihrem Gartenstück alles machen, was sie wollten – jedenfalls fast alles.

«Nur als wir anfingen, einen Wassergraben direkt an der Hauswand zu graben, protestierten die Erwachsenen.»

«Und auch Feuermachen war nicht erlaubt. Aber wenn sich die Nachbarn über diese ‹unordentliche Ecke› beschwerten, war das kein Grund für uns Erwachsene, einzugreifen!» erinnert sich Gabi.

«Und ihr Erwachsenen habt nichts weiter gemacht in diesem Stück Garten, nicht mal eine Schaukel aufgestellt?»

«Schon haben wir eine Schaukel aufgestellt», meint Lev, «aber woanders, und auch andere Spielgeräte natürlich. Im Kinderteil wurde wirklich nur gemacht, was die Kinder wollten. Natürlich half ich mal mit, wenn ich von den Kindern darum gebeten wurde, etwa um zu zeigen, wie man Steine für einen Weg verlegt oder so was.»

Nun kommen Kai und Felix richtig in Fahrt. «Zuerst nannten wir unsere Siedlung Odersbach, das gefiel uns aber dann doch nicht so gut. Dann hieß sie Hüttenbach – wegen der Hütten, die wir gebaut hatten. Aber am besten gefiel uns dann Steinhüttenbach, und dabei blieben wir. Wir hatten alles mit Wegen und Grundstücken angelegt. Wir wählten einen Bürgermeister, malten ein Stadtwappen und machten eine Fahne. Pässe hatten wir auch – für Freunde, die oft bei uns in Steinhüttenbach waren.» – «Und eine eigene Post, einen Laden und später einen Supermarkt, wo wir Süßigkeiten verkauften und anderen Kram, was wir halt so hatten.»

«Ihr hattet doch auch Gärten angelegt ...»

«Jeder hatte sein eigenes Grundstück. Da bauten wir Kresse, Schnittlauch und Petersilie an und solche Sachen. Das machen wir auch heute noch. Ja, und die Kräuter verkauften wir dann in Bündeln an unsere Mütter, die selbst nichts angebaut hatten.»

Gabi: «Wir staunten schon, als die Kinder damals sich eigene Grundstücke zuteilten, wo wir Erwachsenen doch diese strenge Abgrenzung bei uns etwas lockern wollten. Aber für die Kinder war dies sicher eine notwendige Erfahrung, und wir griffen auch hier selbstverständlich nicht ein.»

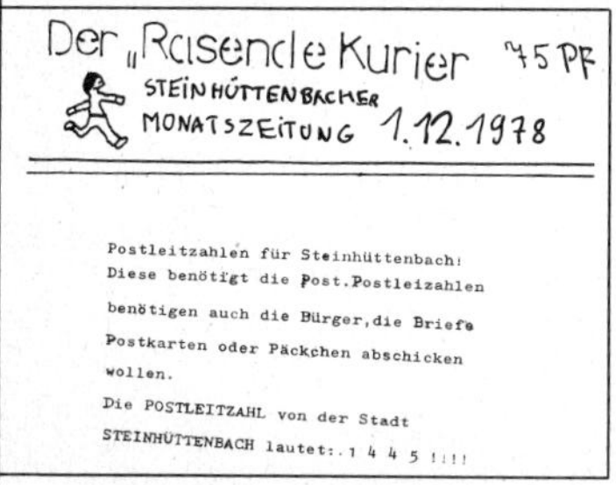

Der „Rasende Kurier 75 PF
STEINHÜTTENBACHER MONATSZEITUNG 1.12.1978

Postleitzahlen für Steinhüttenbach!
Diese benötigt die Post.Postleizahlen benötigen auch die Bürger,die Briefe Postkarten oder Päckchen abschicken wollen.
Die POSTLEITZAHL von der Stadt STEINHÜTTENBACH lautet:.1 4 4 5 !!!!

«Wißt ihr noch, wie ich eine Bank gegründet habe – mit Steinhüttenbacher Währung? Ein Onkel hat sogar ein Bankkonto bei uns eröffnet!» Kai und Felix bekommen vor Eifer rote Ohren.

«Ja, und unsere Zeitung! Zuerst die ‹Laterne› und später der ‹Rasende Kurier›.»

Ich blättere im «Rasenden Kurier», der Steinhüttenbacher Monatszeitung, vom 1. 12. 78:

«In Steinhüttenbach ist ein neuer Weg fertiggestellt worden. Diese Abkürzung wurde aus folgenden Gründen gebaut:
1. Das Stück wurde verflacht, damit die Rad- und Kettcarfahrer auch Steinhüttenbach ‹benutzen› oder, anders gesagt, ‹besuchen› können.
2. Wo jetzt die Straße entlangführt, waren früher nur zwei Gullies und Wiese gewesen. Man wollte dort Beete anlegen, was aber nicht ging, weil dauernd jemand darüber gelaufen ist. Deshalb baute man den Weg, jedoch falsch, nämlich ca. 10 cm an einem Kirschbaum vorbei. Deshalb mußte der Weg umgebaut werden. Deswegen können jetzt auch Fahrräder fahren.»

Ich hatte Gabi 1979 bei einer Familienbildungstagung kennengelernt. Gemeinsam hatten wir da eine Arbeitsgruppe zum Thema «Kindgerechte Umweltgestaltung» zu leiten. Dabei hatte Gabi auch von Steinhüttenbach erzählt und mich damit sehr neugierig gemacht. Kurz entschlossen besuchten Heino und ich bald darauf Gabi, Lev, Kai (damals 10 J.) und Felix (damals 9 J.). Wir waren sehr beeindruckt davon, wie die Kinder ganz in ihrer Stadt und den damit verbundenen Aktivitäten aufgingen.

Für Heino und mich hat schon der erste Besuch ein Aha-Erlebnis gebracht: So ähnlich muß man es also anfangen, wenn man möchte, daß Kinder ihre schöpferischen Fähigkeiten entwickeln. Damals war Tilo noch nicht auf der Welt, wir wollten uns diese Idee aber gut merken, für den Fall, daß wir wie gewünscht Eltern werden.

Der jetzige Besuch hat das wieder verstärkt. Sobald Tilo es möchte, wollen wir ihm ein eigenes Stück Obst- und Gemüsegarten überlassen. Zwar ist manches an unserer Situation anders als bei Gabi und ihrer Familie – es fehlt bei uns z. B. die Kindergemeinschaft im Haus –, aber wir denken, daß sich Tilos Freundinnen und Freunde aus dem Dorf beteiligen werden, wenn es richtig losgeht, etwa mit dem Hüttenbau. Im Sommer 1984 sollten wir wohl beginnen – mit drei Jahren wird ein «eigenes» Stück Land sicher interessant für unseren Sohn.

Kapitel 2

Garten: Idee und Planung

Das übliche ...

Von Flensburg bis Konstanz das gleiche: die Gartenszene in neueren Einfamilien- und Reihenhausgebieten spielt in aller Regel vor Kulissen, deren gedankliche Herkunft aus Zeitschriften der Bausparkassen und Katalogen von Gartenbauversendern leicht zu erkennen ist.

Sonderangebote von Supermärkten und Gartencentern liefern die Elemente: von der «grünen Mauer» zum Nachbarn, der elegant sein sollenden Graswüste (Rasen) bis zur spiegelglatten und blitzsauberen Terrasse (die durch die Höhenlage ermöglicht, alles zu sehen und ständig gesehen zu werden).

Die individuelle Garnierung erfolgt mit einigen Fertigteilen aus den Baumärkten (Grill, Wasserbecken, Pergola usw.) und nostalgisch nachgebildeten Putten. Die Konzessionen an Natur und Kinder: chemische Schädlingsbekämpfung und die deutsche Einheitssandkiste.

In solchen «Gärten» ist weder Platz für Kinder, noch wird hier «Natur» erlaubt. Diese «grüne Monotonie» in den Hausgärten ist nicht nur Ergebnis von Marktmechanismen und so-

Kleiner Fuchs

zialpsychologischen Prozessen (Fetisch: Sauberkeit und Ordnung!), sondern auch auf die Vorbildwirkung von Arbeiten sogenannter Fachleute (Gartenarchitekten) zurückzuführen, in deren Überlegungen noch immer der Garten als Kunstwerk im Mittelpunkt steht. So wird dann mit dem gesamten Arsenal der Gartentechnik und Gartenkunst die scheinbare Anarchie, die durch Kinder und natürliche Vorgänge entsteht, mit geballter Fachkraft bekämpft.

... und was dagegensteht

Landauf und landab wird der Verlust von Natur und Landschaft beklagt. Viele Tiere und Pflanzen, die den meisten unserer Generation noch als vertraut und selbstverständlich zur Landschaft gehörend galten, bekommt man in den meisten Gegenden der Bundesrepublik nur noch in Ausnahmefällen zu Gesicht. Wir konnten als Kinder noch am Feldrain Blumen pflükken, Raupen und Schmetterlinge beobachten, am Tümpel konnten wir mit Augen und Ohren Libellen verfolgen und mit Fröschen spielen (manchmal auch in ziemlich grausamer Weise), für unsere Kinder ist davon nicht mehr viel übriggeblieben.

Unabhängig von der Frage nach den Ursachen des zunächst gefühlsmäßigen Verlustes, belegen die immer länger werdenden roten Listen von ausgestorbenen oder bedrohten Tieren und Pflanzen in der Bundesrepublik, daß die Grenzen der Belastbarkeit der Natur durch

Siedlungs- und Verkehrsbauten, durch die (ökonomischen Zwängen unterliegende) rationelle Landwirtschaft und durch vieles andere mehr schon längst überschritten sind.

Vor diesem Hintergrund kann der private Garten eine neue Bedeutung bekommen. Die Gestaltung eines naturnahen Gartens bedeutet, daß Natur- und Umweltschutz nicht nur leere Worthülsen bleiben. Wenn man sich so in der Privatsphäre auf die Natur einläßt, stellt sich schnell eine Vielfalt von Pflanzen und Tieren ein, werden die natürlichen Kreisläufe, die Abhängigkeiten des Lebens im Garten von Wetter und Jahreszeiten wieder sichtbar und begründen ein neues Verhältnis zu dem Lebendigen, das uns da umgibt.

Sich einlassen auf die Natur im Garten bedeutet:

- Weitgehender Verzicht auf exotische Bäume und Sträucher (z. B. Blaufichte und Blauzeder). Statt dessen Pflanzung von einheimischen Gehölzen, die sich von selbst ansiedeln würden, wenn man den Garten völlig unbearbeitet ließe. Ein Blick auf nahe Waldränder und wilde Hecken gibt Aufschluß über die Gehölzarten.
- Weitgehender Verzicht auf die üblichen und in Gartenbüchern immer noch beschriebenen aufwendigen Pflegemaßnahmen. Statt dessen die Pflanzung in Ruhe sich selbst überlassen – Laub zur Verrottung liegenlassen, abgebrochene Äste und Zweige höchstens zerkleinern und liegenlassen, kein herbstliches Umgraben!
- Keine chemische Bekämpfung von Unkraut.

Brauner Bär

Nur in der Anfangsphase wird es in der Regel notwendig, das Unkraut per Hand so zurückzuhalten, daß die neue Pflanzung nicht überwuchert wird. Später regelt sich auch das von selbst.

- Kein ständiger chemischer Kampf gegen tierische Schädlinge. Mit jedem Spritzeinsatz werden nicht nur diese getroffen, sondern auch die Nützlinge, wie z. B. Marienkäfer vernichtet, die die Läuse fressen. Die Insekten dienen Vögeln, Lurchen und anderen Tieren als Nahrung.
- Besonders in der Anfangsphase möglichst viele Hilfen für Tiere bauen. Reisighaufen für Igel, Wasser für Frösche und Libellen, Blumentöpfe mit Holzwolle für Ohrenkneifer.

Selbstverständlich bedeutet solches Vorgehen auch die Abkehr von den üblichen Ordnungs- und Sauberkeitsvorstellungen, die vom Wohnzimmer auf den Garten übertragen wurden. Der Begriff Rasenteppich signalisiert, was gemeint ist. Die Natur folgt ihrer eigenen Ordnung. Diese zu unterstützen, ist die Aufgabe eines jeden, der Naturschutz als Teil des Umweltschutzes ernst nimmt und sich nicht durch den Verweis auf andere aus der Verantwortung stehlen will.

Daß dies keineswegs ein Plädoyer für den «Rückzug ins Private» sein kann, sei nur am Rande vermerkt. Wer Naturschutz im eigenen Garten betreiben will, registriert schnell naturgegebene und durch Menschen gezogene Grenzen. Das ist dann vielleicht der Anlaß, sich auch um die Entwicklung in der weiteren Umgebung zu kümmern.

Phasen der natürlichen Vegetationsentwicklung in unserem Klima (nicht auf extremem Standort). Ausgang: Nackter Boden (frisch angelegt, gegraben oder aufgeschüttet). 1. Jahr: Licht- und nährstoffabhängige einjährige Kräuter und Gräser (Millionen Samen in Dauerstadien sind in jedem Boden). 2. Jahr: Zweijährige Kräuter und Stauden machen den einjährigen

Nicht überraschen darf, daß ein naturnah angelegter und unterhaltener Garten auch für Kinder wertvoller ist als das dressierte Grün katalogmäßig gestalteter Gärten: Winkel und Pfade locken zu Unternehmungen, zum Verstecken, zu Abenteuern. Igel, Eidechsen, Ameisen, Schnecken, Vögel, Libellen, Feldmäuse, Spinnen und viele andere Tiere stellen sich ein, wenn statt eines Wasserbeckens ein Teich mit richtiger Randbepflanzung angelegt wird.

Schon früh werden auch von kleinen Kindern die Beziehungen in der Natur wahrgenommen, wenn man ihnen erklärt, daß die Blumen die Nahrung für Schmetterlinge sind oder daß der Frosch nicht gestört werden darf, weil er die Larven der stechenden Mücken frißt.

Ein vermoderndes Blatt mit einer zur Kugel gekrümmten Assel, die sich nach einer Weile streckt und versucht, sich in Sicherheit zu bringen, zu beobachten, ist für ein kleines Kind spannend.

Die ersten eigenständigen Versuche, in einem Gebüsch aus vertrockneten Stengeln und Zweigen etwas zu errichten, sind sicher mehr Auseinandersetzung mit Material und Umwelt als die Besichtigung edler Koniferen und gepflegter Rasenflächen.

Kinder können sich nicht an uneinsehbare Reglements halten. Ein Garten kann dementsprechend nicht als ein Gebilde aufgefaßt werden, das zu einem bestimmten Zeitpunkt seine unveränderliche «vollkommene Form» erreicht hat. Der Dynamik kindlicher Entwicklung und sich rasch ändernder Ansprüche entspricht die ständige Veränderung eines Gartens, wenn er

Konkurrenz.
3. Jahr: Erste Sträucher und Bäume treten auf. Für einige Kräuter entsteht schon Lichtmangel, sie gehen zurück.
4.–10. Jahr: Sträucher und Jungbäume haben die Fläche besiedelt (Verbuschung). Schattenkräuter und -gräser sind vorhanden.
Ab 10. Jahr: Ein natürlicher Wald entwickelt sich, der irgendwann seinen stabilen Endzustand erreicht.

Admiral

den natürlichen Bedingungen angepaßt ist – durch größer werdende Bäume z. B. gibt es mehr Schatten, wird das Gartenklima ausgeglichener, wechselt die Pflanzenzusammensetzung; durch verrottendes Laub verändert sich der Boden (Beispiel: Wald) mit der Folge des Einzugs anderer Pflanzen und Tiere.

Es gibt da aber noch Bedürfnisse, die überraschend selten in Hausgärten befriedigt werden: Brombeeren, Johannisbeeren, Erdbeeren u. v. a. sind nicht nur für Kinder besondere Gartenvergnügen. Es mag ja sein, daß dies im Zusammenhang mit naturnahem Garten von untergeordneter Bedeutung ist. Nur: als Garteninteresse auslösender Reiz in Verbindung mit den Bedürfnissen Essen und Lust, Naschen und Suchen ist Eßbares im Garten unverzichtbar.

Kurios wird die Sache nur dann, wenn Erdbeeren und Beerensträucher in ordentlicher soldatischer Reihe mit dem Ziel von Höchsterträgen gepflanzt werden. Dies gilt in ähnlicher Weise für dauerhafte Küchenkräuter wie für «schöne» Gemüse (z. B. Tomate).

Einen kindgerechten und naturnahen Garten zu wollen heißt: sich auf das einlassen, was sich entwickelt; beobachten, selber Erkenntnisse sammeln, Natur und Kinder ernst nehmen, eigene erlernte Begriffe von Schönheit und Ordnung überprüfen.

Ein naturnaher Garten ist ein kindgerechter Garten, wenn man natürliche Gefahren vermeidet (Giftpflanzen). Durch Gestaltung und Material kann man aber im naturnahen Garten noch eine Menge für die Kinder tun und ihre Möglichkeiten verbessern, ohne dabei die Natur totzupflegen oder zuzubetonieren.

Wenn man die Bewegungsabläufe bei Kindern einmal genauer in Augenschein nimmt, kann man feststellen, daß sie

– mit ihren Füßen auf unebenen Flächen nicht umknicken,

- jedes schräge oder sogar steile Gelände sofort erlaufen und ersteigen,
- jeden Sand- und Steinhaufen «bespielen».

Kindgerecht heißt also keineswegs notwendigerweise: ebene Flächen von vorn bis hinten, quadratischer Sandkasten in der Ecke und «Weggeräumtheit» überall.

Wir gehen davon aus, daß unser Garten nie fertig ist. Wir warten darauf, was in dem spannenden Feld zwischen der natürlichen Entwicklung im Garten, den Ansprüchen von Tilo und unseren eigenen Vorstellungen passiert.

Hinweise zur Planung

Es gibt eine Menge verschiedener Ausgangs-Situationen, die am Anfang einer Gartenplanung stehen können:

- Der Entschluß, den eigenen Einheitsgarten, nachdem man das schon lange wollte, nun endlich naturnah und menschenfreundlich (= kindgemäß) umzumodeln.
- Der bisher ungenutzte Balkon soll in ein kleines grünes Paradies verwandelt werden (für Balkonbesitzer: am besten blättern Sie gleich vor bis auf Seite 52).
- Ein altes ungepflegtes Haus mit zugewachsenem Garten wird bezogen. Nirgendwo ein Sonnenstrahl, hoch aufgewachsenes Unterholz, verwilderte Brombeeren und durchgewachsene Rosenwildlinge verhindern jeden Zutritt, die Wege sind glitschig, der Waldmodergeruch dringt bis ins Haus.
- Ein «gebrauchtes» Anwesen im Alter von 10

Bestandsaufnahme

Für alle Garten- und Balkonbenutzer werden die einzelnen Anforderungen an den Garten in einer Liste zusammengestellt. Das reicht von der Skatecke für Großvater über die Gemüsebaufläche für Vater, das Biotop für Mutter bis zum Tischtennisplatz und Fahrradunterstand für die Zwölfjährige. Für die Kleinsten oder noch Kommenden müssen die Planwünsche stellvertretend aufgenommen werden, bzw. Möglichkeiten offengelassen werden.

Arbeiten	**darauf muß man achten**
I. Vorhandene nicht veränderbare Tatsachen werden auf ein Blatt Papier aufgezeichnet: Garten: Maßstab 1:100/200 Balkon: Maßstab 1:20/50. Bei Bäumen nicht nur den Standort, sondern auch die Krone (Licht u. Schatten). Dieser «Plan» ist die Unterlage für die weitere Arbeit. Es sollte deswegen schon richtig gemessen und gezählt werden.	*Im Garten:* Lage des Grundstückes zu Nachbarn, Straße, Feld usw. Größe, Himmelsrichtung, Höhenverlauf des Geländes, vorhandener Bewuchs (auch im nahen Nachbarbereich), Zugänge, Fenster und Türen des Hauses, Leitungen und mögliche andere Beschränkungen u. a. *Auf dem Balkon:* *Himmelsrichtung, Hauptwindrichtung, Größe, Fenster, Tür und technische Beschränkungen.*
II. Wünsche und deren Flächenansprüche für alle Garten- und Balkonbenutzer werden in eine Liste aufgenommen. Das reicht von der Skatecke für Großvater über die Gemüseanbaufläche für Mutter, den Biotop für Vater bis zum Tischtennisplatz und Fahrradunterstand für den Zwölfjährigen. Für die Kleinsten oder noch Kommenden müssen die Planwünsche stellvertretend aufgenommen werden.	Flächenansprüche können z.T. reduziert werden, weil mehrere Wünsche auf derselben Fläche erfüllt werden können. Selbstverständlichkeiten wie Wege u. ä. dürfen nicht vergessen werden. Offensichtlich unsinnige Wünsche gleich eliminieren, da sonst unnützer Aufwand (bis zum Streit) entsteht (z. B. Fußballwiese in 220 qm großem Reihenhausgrundstück). Diese Phase kann zu einer wichtigen Familienveranstaltung werden – auch deshalb *Zeit* nehmen.

Jahren mit Wohnhaus und Garten wird übernommen. Im Haus sind es Details, die zu ändern sind, im Garten mit seiner Rasenfläche, seinen fünf Ziersträuchern und den kaum wachsenden Obstbäumen entspricht nichts den Bedürfnissen.

Oder einer der folgenden Fälle tritt ein:

- Das neue Haus ist bezugsfertig. Das Grundstück sieht aus wie eine Mülldeponie.
- Haus und Garten sind vom Bauträger bezugsfertig übergeben. Die Terrasse gleicht einem Feldherrnhügel, von dem aus man «bewundern» kann, wie sich die flach planierte Fläche mit vielen einzelnen Grashälmchen langsam «begrünt».

Das sind einige Situationen, die Gedanken an die Neuanlage oder grundlegende Veränderung des Gartens auslösen. Auch Veränderungen der Familiensituation können dazu führen, daß etwas unternommen werden muß.

Damit nicht in einer Ecke etwas begonnen wird, das nachher nicht mehr zum übernächsten paßt, ist es nützlich, einen auf die eigenen Bedürfnisse und Möglichkeiten abgestimmten Gartengestaltungsplan vor Arbeitsbeginn zu entwickeln.

Wenn man eine solche Planung in Angriff nimmt, kann das spannend werden wie in einem Krimi oder wie wenn man ein Puzzle bis zum letzten passenden Stück zusammensetzt. Ein fertiger Gartengestaltungsplan soll das Aussehen und die beabsichtigten Benutzungsmöglichkeiten mit den notwendigen Einrichtungen darstellen.

Er dient in der Praxis zur Festlegung einer lo-

Analyse

Wertmaßstäbe und Leitbilder festlegen!

Zum Beispiel:

- es soll ein naturnaher Garten sein,
- er soll pflegeleicht sein,
- er soll so aussehen wie der von «Meiers» (welches Beispiel habe ich vor Augen, und was ist gut daran?),
- er soll kindgerecht und für Erwachsene und Alte benutzbar sein,
- er soll vielfältig sein (Bäume, Pflanzen sehen, riechen, naschen),
- es soll ein Garten werden, in dem viel Zeit zugebracht wird (spielen, Hobbies, essen, feiern).

Darauf muß man achten:

Diese Maßstäbe (oder auch Ziele) sollten mit allen Benutzern ausgiebig diskutiert werden, weil dann

- alle «Bescheid» wissen,
- alle dabei lernen können
- Interesse am Garten geweckt werden kann (Mithelfen, Anbauen, Benutzen, usw.).

Überprüfen der Wunschliste an Hand der Wertmaßstäbe: Ausscheiden von Wünschen, die sich nicht mit den Zielen vereinbaren lassen (z. B. Blumenwiese *oder* Ballspiel).

Überprüfen der Wunschliste an Hand der Eignung des Geländes, der Größe oder anderer nicht änderbarer Tatsachen.

Überprüfen der Wunschliste nach der Frage, wer die meiste Zeit im Garten verbringt (z. B. Vorrang für Kleinkinder oder Rentner).

Zu diesem Zeitpunkt werden die wichtigsten Entscheidungen für die künftige Gestaltung und die Nutzungsmöglichkeiten getroffen. Diese Bewertung sollte nicht Sache eines einzelnen sein. *Alle Benutzer beteiligen!* Die Interessen von Ungeborenen, Babies und Kleinkindern berücksichtigen!

Das Ergebnis dieser Überlegungen ist dann ein konkretes «Planungsprogramm», aus dem jetzt der endgültige Gartenplan entwikkelt wird.

gischen Reihenfolge der einzelnen Arbeiten und als Grundlage für die Material- und Pflanzenbestellung. So können Garten und Haus ein Ganzes werden.

Man geht in der Reihenfolge vor: Bestandsaufnahme (s. S. 36), Analyse (s. oben), Planung (s. S. 46, 47).

Zum Beispiel Dorle und Wolfgang

Vor zwei Jahren zogen Dorle und Wolfgang R. mit ihren fünf Kindern (Alter ½–7 Jahre) in ein etwa zehnjähriges Wohnhaus mit ausgebautem Dachgeschoß ein. Es war von einem verlotterten Garten umgeben; ein paar ungepflegte, mickrige Obstbäume inmitten von viel Unkraut; mit diesem Garten konnte die Familie nicht viel anfangen.

Und so sah hier die Bestandsaufnahme praktisch aus: Ein Lageplan vom Grundstück mit dem Haus war noch aus den alten Bauantragsunterlagen vorhanden (Grundstücksgröße rd. 450 qm mit dem Haus mittendrauf).

Wolfgang trug die Hauseingänge, Erdgeschoß- und Kellerfenster und den noch nachträglich zu bauenden Kellereingang ein. Einflüsse von Nachbarn brauchten nicht aufgenommen zu werden, weil die Gebäudeabstände groß und besondere Bäume o. ä. nicht vorhanden waren.

Die Geländehöhen – hier vor allem von den Hauseingängen zu den Grundstücksgrenzen (Anschlüsse an das Niveau der Straßen- und Nachbargrundstücke) – einzumessen war einfach: Eine Schnur wurde mit Hilfe einer Wasserwaage horizontal gespannt, die Differenz ausgemessen, fertig. Die vorhandenen Obstbäume und Ziersträucher wurden auf Erhaltungswürdigkeit geprüft und eingezeichnet bzw. aufgeschrieben. Das Klima konnte mit ziemlich rauh (= lange Frostperioden) und reichlich windig ausreichend umschrieben werden.

So kam es zu einer Wunschliste: Dorle, Wolf-

Goldene Acht

gang und die fünf Kinder sitzen beim sonntäglichen Mittagessen. Das Gespräch kommt auf den Garten, der so, wie er ist, nicht bleiben soll.

«Was brauchen wir denn alles im Garten?»

Tilman (6): «Viele Kletterbäume. Große mit schönen Ästen! So wie in Radegundis!» In Radegundis hatten sie zuvor gewohnt – in einem Haus, das von viel Wiesenfläche und großen Bäumen umgeben war. Diesen Garten haben natürlich alle Kinder im Kopf.

Irmela (3½): «Viele, viele Schaukeln und einen riesengroßen Sandkasten!»

Angelika (5): «Dann wollen wir im Garten ja auch Rädle- und Fahrradfahren, am besten immer rundherum. Und dann brauchen wir noch Platz für Wohnungen und Lägerle und zum Ballspielen und Toben und ...»

Die Kleinsten, Verena (2½) und Martin (4 Mon.), sitzen auch dabei, Verena verfolgt das Gespräch und will auch «saukeln». Mit Blick auf Martin meint Dorle: «Also die Wege sollen so sein, daß man gut mit dem Kinderwagen fahren kann, ohne Treppen dazwischen. Und dann brauche ich einen Platz zum Wäscheaufhängen; wenn ich den Wäschekorb ein bißchen höher stellen kann, brauche ich mich nicht immer so zu bücken. Viel Platz muß aber für Gemüse, Salat, Kräuter und Beeren bleiben. Frisches Obst und Gemüse kann man ja hier überhaupt nicht einkaufen. Also Obstbäume: Äpfel, Birnen, Zwetschen, Kirschen, Aprikosen! Außerdem – bunt muß er sein, sehr bunt! Und möglichst pflegeleicht; ich hab mit euch ja nun wirklich schon genug Arbeit.»

Wolfgang kommt als letzter dran: «Einen

Teich – ich will unbedingt einen Teich. Schon als kleiner Bub habe ich immer versucht, im Sandkasten Molche und Eidechsen zu halten – in unserem Garten. Aber kaum hatte ich sie eingefangen, da waren sie auch schon wieder weg. In so einem Teich ist das was anderes. Und dann ... ein Stückchen Wald und – auch wegen der Vögel, Raupen und Schmetterlinge – eine wilde Hecke. Außerdem stört es mich, daß man von der Straße aus ganz ungeniert unseren Garten überblicken kann. Vielleicht könnte da die Hecke hin oder so was.» Er überlegt einen Moment: «Unsere Garage reicht nicht – die vielen Kinderfahrzeuge, die jetzt überall rumstehen. Mit der Zeit kommen sicher noch mehr Fahrräder dazu, da brauchen wir noch was für – eine Unterstellmöglichkeit.»

Wie groß der Garten sein müßte, zeigt die Verbindung der Wünsche mit der jeweils notwendigen Fläche, wie sie in der Tabelle auf Seite 42 festgehalten wurde.

Daraus ergibt sich die Flächenforderung von rund 620 qm. Das Grundstück ist aber nur 450 qm groß, und Haus und Garage sind schon da. Wege, Zufahrt, Mülltonnenplatz und andere Kleinigkeiten sind noch nicht einmal eingerechnet.

Analyse: Aus der Bestandsaufnahme ist bis jetzt klargeworden, *wie* das Grundstück beschaffen ist und *was* hier alles «gemacht» werden soll. Noch völlig ungeklärt sind Fragen wie:
- Welches Ziel verfolgen wir (z. B. Naturschutz im eigenen Garten oder Repräsentation)?
- Was ist unbedingt nötig, was nicht?

Es ist notwendig, daß man einen Maßstab ent-

Wunsch	Flächenanspruch
Wolfgang (Vater)	
Ein Waldstück muß her,	mindestens 100 qm
eine Blumenwiese ist nötig	50 qm
und ein Teich soll auch sein (nicht so klein)	10 qm
und außerdem eine Feuerstelle mit Sitzplatz (auch Grill)	30 qm
Dorle (Mutter)	
2–3 Apfelbäume, Schattenmorelle, Zwetschen, Hasel- u. Walnüsse, ein Birnenbaum und eine Aprikose	ca. 100 qm
Johannis-, Stachel-, Him- u. Brombeeren	ca. 20 qm
Ein Kräutergarten und einige Gemüsebeete sind bei der Familie, den Kochkünsten und der vom Markt entfernten Lage notwendig	ca. 200 qm
Blumen müssen für die Vase abzuschneiden sein	ca. 20 qm
Wäschetrockenplatz	ca. 10 qm
Tilman und Angelika	
Das Spielgerät soll wieder aufgestellt werden (Rutsche, 2 Schaukeln und Klettern) und viel Sand	ca. 30 qm
Man will Rädle fahren und die auch wegstellen	ca. 50 qm
Eine Spielwiese braucht man	mindestens 100 qm
Für Irmela (3½ J.), Verena (2½ J.) und Martin (½ J.)	
Dorle, stellvertretend, fordert eine Sandspielmöglichkeit für die Kleinsten	

wickelt, nach dem man entscheidet, was im Garten welche Bedeutung und welches Maß bekommt.

Ein Kriterium – neben vielen anderen wie Naturnähe, Kinderfreundlichkeit etc. – kann sein, daß man sich auch etwas Intimität im Garten wünscht. Dorle z. B. beklagt arg sittenstrenge Zustände: Nacktheit wird nicht gelitten, auch nicht, wenn man sich im eigenen Garten aufhält.

Als Till vier Jahre alt war, sagte eine Nachbarin zu ihm, als sie ihn nackt sah: «Du bist aber häßlich, wie siehst du denn aus, zieh dir schnell eine Hose an, dann gefällst du mir besser!» Inzwischen spielen die fünf an Sommertagen sehr gerne «FKKler», aber nur, wenn sie allein sind oder mit Kindern spielen, die das auch gerne haben, mit Kusinen, Vettern wie Tilo oder «lockeren» Bekannten. Sind irgendwelche Nachbars- oder Dorfkinder im Garten, keins der Kinder kommt auf diese Idee.

Unterschiede in den Vorstellungen von der Bedeutung und Nutzung des Gartens können zu Konflikten – nicht nur zwischen Erwachsenen und Kindern – führen, wie die folgende Begebenheit illustriert, welche Dorle erzählt: Angelika (3) und Irmela (2) freuen sich, in Omas Garten schaukeln und rennen zu können. Da kommt ihnen eine tolle Idee: Sie wollen der Oma eine große Freude mit einem Strauß machen. Was sie finden, ist ein großer Busch roter Pfingstrosen mit dicken Knospen, die schon am Aufspringen sind. Die pflücken sie *alle* ab und bringen sie stolz der Oma. Die erschrickt und wird bleich, sagt aber den Kindern nicht, wie sehr es sie verletzt, daß von den langersehnten Blumen nun keine übrigbleiben wird. Da nimmt Dorle die zwei zur Seite und spricht mit ihnen darüber. Die Kinder sind nun auch traurig.

Schade, daß die Oma nicht selbst ihre Gefühle ausdrückte, sie hätten es dann sicher leichter begriffen. Es ist also mehr als wichtig, sich über die unterschiedlichen Wertmaßstäbe aller Beteiligten Klarheit zu verschaffen und sich zu verständigen.

Bei Dorle und Wolfgang wurde nach dieser Diskussion u. a. beschlossen (hier nur Ausschnitte)

	Flächenersparnis
Der Wald von Wolfgang wird zum Waldrand und ist gleichzeitig die Hecke.	50 qm
Die Blumenwiese wird versuchsweise in einem Spielwiesenrandstück angelegt.	50 qm
Die Obstbäume und Haselnüsse werden in die Randbepflanzung gesetzt.	Randbepflanzung war noch nicht in der Bilanz enthalten
Die Beerensträucher und Himbeeren werden Teil des Gemüsegartens, und der Gemüsegarten wird intensiv, aber flächensparsam angelegt (z. B. Hochbeete u. Mischkulturen).	ca. 150 qm
Schnittblumenbeete und Dauerkräuter werden in die Randbepflanzung integriert. Die Wäschetrockenleinen werden über die Gemüseflächen gespannt.	30 qm
Rädle fahren können die Kinder auch auf den Wegen – also keine Sonderflächen.	50 qm
Flächenersparnis bis hierher	330 qm

Bei Dorle und Wolfgang sah die Analyse (s. auch S. 38) der gewonnenen Daten so aus:

1. Erkenntnis: Alles, was man möchte, geht nicht – jedenfalls nicht so, wie es üblich ist.
2. Erkenntnis: Einige Flächen müssen mehrere Wünsche befriedigen und können nicht nur für eine Sache zur Verfügung stehen.
3. Erkenntnis: Einige «Sachen» gehen dann eben nicht, z. B. sind wegen des Klimas die Aprikose, wegen der großen Fläche das «Waldstück» nicht möglich.

Einige der selbstformulierten Bewertungskriterien hörten sich so an:

– keinen sterilen Ziergarten (oh, diese furchtbaren Koniferen!),
– viele verschiedene «Sachen», damit auch

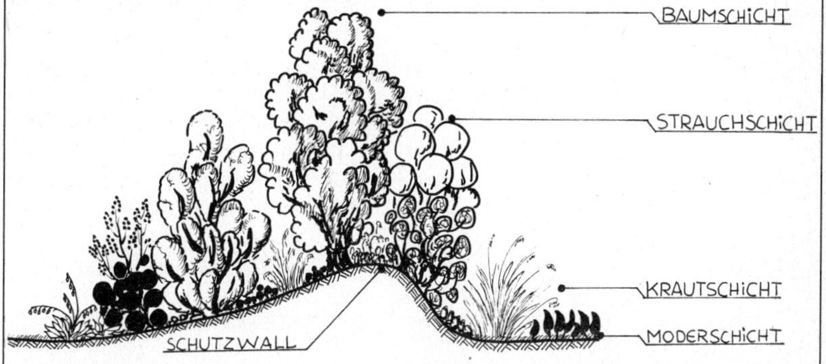

WALDRAND

Schmetterlinge und andere Tiere kommen,
- viel Eßbares – aber nicht solche nach nichts schmeckenden Äpfel, wie man sie ständig kauft,
- die Kinder brauchen Platz, und es darf alles nicht empfindlich sein.

Auf Grund solcher Kriterien wurde dann u. a. beschlossen, was in der Tabelle auf S. 44 nachzulesen ist.

Natürlich tauchten jetzt noch weitere Forderungen auf (wie z. B. der Kompostplatz), die sich aber jedesmal mit anderen Wünschen (Walnuß) und Funktionen verbinden ließen.

Auch wurden solche Fragen diskutiert: Müssen denn Erdbeeren immer wie die Soldaten in Reih und Glied wachsen? Können sie nicht als

Planung

Arbeiten	darauf muß man achten
Man nehme als Unterlagen:	
– den Plan der unveränderbaren Tatsachen aus der Bestandsaufnahme, – das Planungsprogramm.	Alles was man bis hierher ermittelt hat, wird jetzt «planerisch» verarbeitet. Es soll ein Papier entstehen, in dem alle Erkenntnisse, Vorstellungen und Absichten enthalten sind.
Man nehme als Hilfsmittel:	
– ein transparentes Blatt Papier (Pergament oder ähnliches), – einen weichen Bleistift und schwarze sowie einige farbige Filzstifte, – andere Papiere zum Ausschneiden.	Das Transparent soll größer als die Unterlage sein, damit Detailskizzen oder Arbeitserläuterungen auf *einem* Blatt Platz haben. Viele Details werden sonst später wieder vergessen.
Arbeitsschritte:	
– Planunterlage auf einem glatten Tisch mit Klebestreifen befestigen.	Die glatte Unterlage ist notwendig, damit gezeichnet werden kann.
– Transparentpapier drüberlegen und auch befestigen. – Mit wischfestem Filzstift Grundstücksgrenzen, Straßen, Haus mit Eingängen und gartenwichtigen Fenstern sowie bedeutsame Details durchzeichnen.	Transparentpapier nicht falten, weil die Kniffe nicht wieder entfernt werden können und etwa bei Lichtpausen als dunkle Striche sichtbar werden.
– Auf anderem Papier die verschiedenen Teilflächen aus dem Planungsprogramm ausschneiden und solange auf dem Transparent hin und her schieben, bis es «paßt».	Hierfür nimmt man Millimeterbögen oder kariertes Papier, weil sich die Flächen dann maßstabsgerecht ausschneiden lassen. Möglicherweise muß man die Formate (Rechteck, Quadrat usw.) variieren.
– Die Flächen für die Randbepflanzung – den grünen Rahmen – festlegen. Reihenfolge nach der künftigen Größe der Pflanzen: Bäume, Sträucher, Stauden.	Zunächst kann man die künftigen Pflanzflächen nur schraffieren. Nur die größeren Bäume sollten wegen der Raumbildung und ihrer bestimmenden Wirkung deutlich

Flächenpflanzung mit dem Waldrand verbunden werden? Vor allen Dingen Wolfgang hat sich immer wieder mit seinem zum Waldrand re-

Arbeiten	darauf muß man achten
– Die Lage der Teilflächen aus dem Planungsprogramm, wenn nötig, korrigieren.	dargestellt werden. Wichtig ist hierbei der zu erwartende Kronendurchmesser. Man stellt die Bäume durch einen Kreis mit dem Durchmesser dar, den die Krone ungefähr in 10 Jahren haben wird.
– Wege und deren Breiten mit dem weichen Bleistift einzeichnen.	Dies wird später wieder ausradiert, weil die Form und Führung später noch zu verändern sind.
– Notwendige Stufen und Treppen einzeichnen (Höhen sind auf der Bestandsunterlage angegeben).	Bei steilerem Gelände sollen längere Treppenläufe spätestens nach 5 Stufen durch einen Absatz unterbrochen werden.
– Die Nutzungen der Flächen zwischen den Teilflächen aus dem Planungsprogramm bestimmen (z. B. niedrige oder hohe Zwischenpflanzung) und mit Bleistift einzeichnen.	Die entstehenden «Freiflächen» zwischen den verschiedenen Funktionsflächen sind ideal für die Gesamtgliederung zu verwenden.
	Totale Übersichtlichkeit des Gartens vermeiden. Durch Gliederung verschiedene Räume schaffen.
– Auf der Grundlage der Angaben im Planungsprogramm zum Material die Formen der Wege, Plätze, Treppen, Wasserbecken, Sandgruben usw. abwandeln und die Grenzen mit Filzstift einzeichnen.	Z. B. rechteckige Formen bei Kunstmaterialien (Beton- oder Klinkerpflaster) «bewegte» Formen (Kurven, Kreise usw.) bei natürlichen Materialien wie Feldsteinen und Mulchdecken.
– Die Bepflanzung für alle Pflanzflächen genau mit Baum- und Straucharten sowie Stauden, Gräser planen.	Hier sind die einzelnen Pflanzenarten auszuwählen. Gute Fachkataloge geben Auskunft über Größen, Ansprüche und Verwendbarkeit – siehe auch Beispiel.
Der Gestaltungsplan ist fertig.	

duzierten Wald befaßt – welche Pflanzen soll man hier ansiedeln, kann auf so einer kleinen Fläche natürliches Gleichgewicht entstehen?

Trauermantel

Der Verzicht fiel schwer. Der vorgeschlagene Mulchweg wurde zu einem mit Platten zu befestigenden Weg, damit diese Wegeflächen auch zum Rädlefahren durch die Kinder benutzt werden können.

Dorle schreibt zur Entstehung des Gartens:

Das Konzept, das wir von Heino und seinem Plan übernahmen, wurde erst richtig zu unserem eigenen, veränderte sich und entwickelte sich fort durch die Arbeit am Garten. Diese «Erarbeitungsphase» dauerte mehr als ein Jahr – von Herbst 81 bis Mai 83, wobei der Gemüsegarten als letztes fertig wurde.

Mit den fünf Kindern war das natürlich eine große Aufgabe, aber sie machten mit, soweit es in ihren Kräften stand. Ich erinnere mich, daß bei den großen Erdbewegungen im Frühjahr 82 selbst Irmela (damals gerade 4) und Verena (nicht ganz 3 Jahre) mit den zwei kleinen Schubkarren zeitweise recht ausdauernd «halfen», indem sie pro Karren eine Schaufel Dreck zum «Berg» führten, auf dem die «wilde Hecke» entstehen sollte.

Sehr häufig allerdings lief es anders. Alle Kinder rannten dem Vater hinterher, der einen großen Schubkarren fuhr. War er abgeladen, durften alle in den «Omnibus» zur Rückfahrt einsteigen. Als Martinle auch schon mitfahren konnte, rief er immer schon, wenn er den Schubkarren von weitem sah: «AGAGAUM!!» Lange rätselten wir, bis wir darauf kamen, daß dies sein Wort für «einsteigen» war.

Ab Frühjahr 82 war Martin meist in der Rükkentrage, während wir die bisherige Grasschicht abtrugen, durch ein Gitter auf dem Gestell eines alten Tisches ausklopften und die Grassoden zur Verrottung aufschichteten. Bei dieser Arbeit entstanden lauter Dreckhügel durch den ganzen Garten, ein riesiges Maulwurfsgelände, auf dem die Kinder Autobahnen und Wasserfälle (mit der Gießkanne) bauten oder «Bergläufe» veranstalteten. Vor allem Tilman «besetzte» die Dreckhaufen immer sofort und «verteilte» sie an Nachbarskinder, die gerade in seiner Gunst standen. Wir hatten öfters dafür zu sorgen, daß auch die Kleinen ab und zu einen Berg abbekamen. Manchmal veranstalteten die Kinder Geländefahrten mit den kleinen Fahrrädern, was wir aber unterbanden, als die Dorfbuben in Scharen mitfuhren – das hätte den Boden unnötig verdichtet.

Dadurch, daß unser Garten von Anfang an attraktives Spielgelände war, ist der Kontakt unserer Kinder zur Nachbarschaft sehr schnell entstanden. Bis heute ist unser Garten nach der Aussage eines Kameraden von Till «der einzige Spielplatz des Dorfes» (ein solcher fehlt im Dorf bisher wirklich!).

Die Spiele im Dreck waren natürlich für uns Erwachsene oft auch ein Ärgernis, und bei feuchtem Wetter, wenn man draußen nicht recht vorwärtskam und drinnen alles vor sandigem Lehm und den kleinen Steinchen der unfertigen Einfahrt strotzte, so daß ich nicht wußte, ob ich im Haus putzen oder draußen arbeiten sollte, kam die Geduld häufig an ihre Grenzen.

Für Wolfgang allein war das Abtragen und

Die Verrottung der Grassoden hat sich übrigens sehr gelohnt: Die daraus entstandene herrliche Erde haben wir im Gemüsegarten in dicker Schicht ausgebracht, der dieses Jahr, in Mischkultur angelegt, unglaubliche Erträge brachte. Die größte zarte Frühkarotte hatte 600 g, und ich habe mehrmals ein Kilo Gemüse aus zwei bis drei Karotten bereitet.

Ausklopfen der Grassoden frustrierend, da er ohne mich viel langsamer vorwärtskam – und im Herbst 81, als Martin mit 3–4 Monaten noch nicht in der Rückentrage sitzen konnte, war ich immer nur kurzfristig mit dabei. Das änderte sich zum Glück im Frühjahr enorm, und die Kinder wuchsen im selbständigen Spiel oder sogar in der Mitarbeit beinahe über sich hinaus, vor allem Angelika, die, damals fünf Jahre alt, allein die Kartoffeln aus dem Keller holte, wusch, in den Dampftopf verfrachtete und dann herauskam, um mich zu fragen, wie sie den Herd einstellen solle! An solchen Tagen ging's draußen immer ein großes Stück vorwärts, dafür gab es als Essen eben Kartoffeln mit Butter.

Die Reaktion der Nachbarschaft auf unseren Garten war während der Erarbeitungszeit eher negativ. Da fielen Aussprüche wie: «Wenn man keine Arbeit hat, dann macht man sich eben welche.» Oder: «Wann arbeitet Ihr Mann denn im Beruf?» (Er ist als Orchestermusiker tagsüber häufig daheim.) Nach der Fertigstellung änderten sich die Urteile: «So einen Garten hätte ich auch gern – aber die Arbeit würde ich mir nie machen!» Daß die Leute letztlich mehr Arbeit mit der Pflege ihrer riesigen, ökologisch sterilen Grasflächen haben, bemerken sie offenbar überhaupt nicht.

Auch die wilde Hecke hat sich schon sehr bewährt und Erstaunen geweckt, nicht nur bei den Kindern, die dort eine sich häutende Eidechse beobachten konnten. Ein Beispiel: Eine Nachbarin fragte mich neulich nach einem milden, aber wirksamen Mittel gegen Durchfall. Ihr Kind war erkrankt. Das Nachschlagen im Heilkräuterbuch zeigte, daß wir in unserem Garten fünferlei Tee gegen Durchfall finden konnten. Von Brombeerblättern über Erdbeerblätter mit Waldmeister zur Geschmacksverbesserung (wobei wir lieber das Laub der Wald-Erdbeeren und der wilden Brombeere nahmen) über Frauen- und Gänsefingerkraut bis zu Lavendelblüten!

Angelika, 6 Jahre, wünschte sich zum Geburtstag ein eigenes Stückchen Garten.

Dorle und Wolfgang überlegen nun, wo sie in ihrem Garten fünf kleine Stücke zusammenhängend für die Kinder freimachen können, denn wenn ein Kind ein Stückchen bekommt, wollen die anderen das selbstverständlich auch.

Im Garten hat bisher jedes Kind seine eigenen Pflanzen (wie Krokus, Osterglocke, Blütenpolster), die die Kinder selbst eingepflanzt haben und deren Wachstum und Wohlergehen sie genau beobachten. Diese Pflanzen werden sorgfältig umsorgt, gegossen, und sehnsüchtig werden die Blüten erwartet und freudig begrüßt.

An alle Balkonbesitzer!

Und wenn man keinen Garten hat?

Wer keinen eigenen Garten hat, muß nicht ganz auf den Umgang mit Pflanzen verzichten. Balkon, Dachterrasse, aber auch schon ein Blumenkasten außen an der Fensterbank eröffnen einige Möglichkeiten.

Bepflanzungen an den Häusern in den Städten tragen zunächst einmal dazu bei, daß die extremen Klimabedingungen etwas gemildert werden. Das gilt für «grüne» Straßenzüge ebenso wie für jeden einzelnen Balkon.

Gerade im heißen Sommer 1983 haben viele die Erfahrung gemacht, daß ein unbepflanzter, nur mit einem Sonnenschirm beschatteter Balkon erst in den späten Abendstunden benutzt werden konnte, während auf kräftig bewachsenen Balkons den ganzen Tag über Leben herrschte.

Das hängt außer mit der Schattenwirkung vor allem mit der Wasserverdunstung der Pflanzen zusammen: wo verdunstet wird, entsteht auch Verdunstungskälte. Hierdurch läßt sich das Mikroklima eines Balkons erheblich verbessern. Im Sommer geht man tagsüber u. a. wegen der Kühle in den Stadtpark, und abends freut man sich über Wärme unter den Bäumen im Vergleich zur Kühle auf der offenen Straße. Selbstverständlich läßt sich auch durch noch so intensive Bepflanzungen nicht das ganze Klima verändern.

Bei ganz extremen Verhältnissen – beispielsweise Balkons in freistehenden Hochhäusern etwa vom sechsten Stock an aufwärts – lassen sich durch Pflanzen allein kaum merkbare Verbesserungen erzielen. In solchen Fällen kommt man ohne bauliche Maßnahmen nicht aus.

In diesem Zusammenhang sei eine kleine Abschweifung gestattet. Überall werden die Klimaverhältnisse in unseren Städten beklagt. Der Nacktheit und Monotonie von Neubauvierteln entsprechen der ewige Wind ebenso wie die kaum auszuhaltende Hitze im Sommer. Die empfohlenen Abhilfemaßnahmen durch Baumpflanzungen wenigstens in den öffentlichen Bereichen werden zögernd in die Praxis umgesetzt. Hier scheint noch viel mehr Druck der Bevölkerung erforderlich zu sein. Es kann aber auch durch private Maßnahmen viel erreicht werden: üppige Balkonbepflanzungen, Fassadenbegrünungen durch selbstklimmende Gehölze (Efeu, wilder Wein – der grüne Pelz) und Bepflanzungen der Millionen von Garagen- und anderen Flachdächern. Für Dachbepflanzungen gibt es inzwischen Systeme, die einfach selbst zu bauen sind und die durch ihre Leichtigkeit nicht mehr die Statik des Bauwerkes beeinträchtigen. Durch solche Bepflanzungen kann erreicht werden:

- Verminderung der Temperaturunterschiede.
- Erhöhung der Luftfeuchtigkeit.
- Verlangsamung der Windgeschwindigkeit durch die rauhe Oberfläche.
- Für die Gebäude selbst entstehen positive Isolierunggseffekte (Wärmedämmung z. B.).

Der grüne Balkon, bewachsene Hauswände und grüne Pelze auf den Dächern sind drei Möglichkeiten für den Gartenlosen, auf eigene Faust gegen Öde und Naturlosigkeit in den Städten zu kämpfen.

Lesetip

Senator für Stadtentwicklung und Umweltschutz in Berlin: Mut zu grünen Wänden, Berlin 1983
(Heiter und locker im Text, verständliche Tabelle für Pflanzenverwendung, sehr gute Bilder.)

Doernach/Heid: Das Naturhaus, Krüger Verlag, Frankfurt 1982
(Berichtet ernsthaft und ausführlich über die Wirkung von Fassadenbegrünung, mit guten Fotos und Zeichnungen.)

Zurück zum Thema Balkon: Je nach Größe, Zuschnitt und Lage eines Balkons ergeben sich verschiedene Nutzungsmöglichkeiten. Selbstverständlich wird für die Balkonpflanzung nicht unbedingt ein «Plan» bzw. ein Entwurf in voller Ausarbeitung wie für die Planung eines Gartens erforderlich. Hier genügt es häufig, wenn man sich nach der Feststellung der Flächen (Bestandsaufnahme: s. Seite 36) oder auch nur der Meter der möglichen Balkonkästen über die Benutzung

des Balkons und der Art der Bepflanzung Gedanken gemacht hat.

Wenn man allerdings weiter nachdenkt, kann doch so etwas wie ein «Balkonplan» notwendig werden:

Da ist der Wohnzimmerbalkon kaum benutzbar, weil es immer von der Seite zieht. Eine Seitenwand ist nicht zulässig oder wegen der Gesamtfassade «bedenklich». Hier können Schling- oder Rankpflanzen helfen. Diese benötigen allerdings größeren Wurzelraum als normale Balkonkästen.

Es liegt dann nahe, ein größeres Gefäß auf den Boden zu stellen, was aber zu Platzschwierigkeiten führen kann. Warum da nicht auf Balkonmöbel verzichten und einen Pflanzkasten mit integrierter Sitzbank, die noch als Spielkiste dienen kann, selbst bauen? So kann man zu einem benutzbaren Balkon kommen und gleichzeitig zur «Fassadenbegrünung» beitragen, wenn man sich mit «Über- und Unterwohner» und dem Hauseigentümer vereinbart. Hierfür allerdings braucht man einen Entwurf, weil dann ja auch die Beziehungen zum Wohnzimmer bedeutsam sind.

Für die Pflanzenauswahl ist von ausschlaggebender Bedeutung, in welche Himmelsrichtung der Balkon geht.

Eine Selbstverständlichkeit, die nicht immer bedacht wird: Balkons auf der Nordseite eines Hauses werden mit schattenvertragenden, nicht jedoch mit Sonne liebenden Gewächsen bepflanzt. Dies gilt für die Absicht, einen schönen Blumenkasten herzustellen, ebenso wie für die Anlage eines Kräuterbalkons oder für die Versuche, Gemüse zu ziehen. D. h. man muß sich über die Ansprüche der Pflanzen wenigstens in diesem Punkt Klarheit verschaffen.

Reine Zierbepflanzungen interessieren Kinder meist weniger. Interesse wecken kann man aber, wenn die Kinder bei der Pflanzaktion und der Pflege beteiligt werden. Für noch besser halten wir es, wenn den Kindern ein eigener Bereich zur Verfügung gestellt wird und sie alles selbst ausprobieren können.

Besonders reizvoll kann ein Balkon für Kinder werden, wenn man auch etwas zum Essen ernten kann. Geeignet sind dafür je nach Platz Gemüsearten wie Tomaten, Radieschen, rote Rüben, Kohlrabi und Obstarten wie Erdbeeren, Heidelbeeren, Johannisbeeren und Weintrauben.

Auch hier gilt: Probieren geht über studieren. So kann man sich schon mit einem Kasten erhebliches Eßvergnügen verschaffen, in dem Ackersalat heranwächst.

Kapitel 3

Gemüse, Mischkulturen, Bodenpflege

Tilos Garten

Beate ist Tilos Tagesmutter. Sie sorgt für ihn, wenn ich, Inge, zum Arbeiten gehe. Einmal – Tilo war gerade 1½ Jahre alt – machte sie mit ihm einen Spaziergang und ließ ihn «führen», sie wollte sehen, wo er von sich aus hingeht.

Ohne zu zögern, schlug er den Weg zu unserem Obst- und Gemüsegarten, unserem «Gut», ein, das etwa 500 Meter von unserem Haus entfernt ist. Voller Stolz – so berichtet Beate – zeigte er ihr alles, was da wuchs. Vor allem hatte es ihm der Salat angetan.

Sein Garten.

«Bargel»

Wir gehen ernten. Heute ist grüner Spargel an der Reihe, den man erst schneidet, wenn der Trieb etwa 15 cm aus dem Boden herausgewachsen ist.

Großer Schillerfalter

Tip
Es gibt so viele verschiedene Gemüse- und Salatarten (und davon unterschiedliche Sorten), daß man sich durch das ganze Jahr auch ohne Gewächshaus versorgen kann, wenn man den Speiseplan nach der Jahreszeit einrichtet. Muß man im Winter unbedingt Kopfsalat essen, wenn es doch Zuckerhut, Feldsalat und im Keller selbstgetriebenen Chicoree gibt? Die Züchter bemühen sich, unempfindliche und krankheitsresistente Sorten zu züchten. Beim Sameneinkauf unbedingt auf entsprechende Hinweise achten! Samenabteilungen von Kaufhäusern und Super-

Tilo ißt ihn sehr gerne und ist auch mit Feuereifer beim Ernten dabei. Ein paar schöne, dicke Spargel, die vereinzelt stehen, darf er selbst abschneiden.

Anerkennend meint er: «Söne Bargel, kann der Tilo essen.»

Zu Hause hilft derselbe beim Putzen. Er sucht welche aus, die er mir anreicht. Erst «troße, lange, dicke».

«Hm», nicke ich, als er mir ein besonderes Prachtexemplar herüberlangen will, «ein richtig dicker Brummer.»

«Brum, Brum.» Wie ein Motorstaubsauger im Hauptbahnhof saust er mit dem Spargel auf der Terrasse herum, ehe er ihn mir gibt. Dann sind die «tleinen Bargel» dran. Dabei entdeckt er ihre Ähnlichkeit mit Bohrern. Mit jedem geht er erst einmal zum Wasserhahn: «Bohren, ist Wasser drin», und bringt ihn dann zum Putzen vorbei.

Dann «lanzt» er noch einen im Blumentopf ein. Ganz ohne Nerven geht das bei mir nicht ab. Als er anfängt, den Spargeln die Köpfe abzubrechen, erkläre ich das Spargel-Spiel für beendet.

Oktoberernte

Es ist herrliches, sonniges Herbstwetter, und wir haben vor, viel zu ernten. Im Gemüsegarten angekommen, stellt Tilo fest, daß die Kapuzinerkresse die Blätter hängen läßt: «Was ist denn hier los?»

«Heute nacht war es so kalt, daß der Tau auf den Pflanzen zu Eis gefroren ist. Es hat Frost gegeben. Manche Pflanzen können das nicht vertragen. Deshalb ist auch die Kapuzinerkresse jetzt kaputt», erklärt Heino.

«O schade, so ein Frost – Frost, Frost.»

Zum Glück sind nur wenige Pflanzen betroffen.

Ich (Inge) fange bei den Möhren zu ernten an. Das Grünzeug schneide ich mit der Gartenschere ab. Es wird als Mulch auf die abgeernteten Reihen gelegt. Tilo kann den Blick nicht von der Schere wenden. Gebannt verfolgt er die schnellen Bewegungen der beiden Messer, ihr Blinken im Licht und das Schneidegeräusch. Nach einer Weile holt er Luft und erklärt:

«Ich brauch die Schere. Ganz dringend!»

«Ich brauch sie auch. Außerdem ist diese hier zu groß für dich und geht zu schwer. Du kannst mal Heino fragen, ob er dir eine kleine Gartenschere besorgt, wie du sie bei der Weinlese hattest.»

Tilo schaut sich um. Wo ist Heino? Er entdeckt seinen Vater bei den Kartoffeln, rennt schnell zu ihm.

«Heino, besorg mir eine kleine Gartenschere!»

«Wünschst du sie dir zu Weihnachten?»

Tilo ist unentschlossen, gibt dann aber doch ein gedehntes «Jaa-aah» von sich. Eigentlich – eigentlich hätte er sie am liebsten jetzt gleich haben wollen. Offenbar fühlt er sich unwohl und muß Dampf ablassen. Er kommt wieder zu mir und – ruck, zuck! hat er den Möhrenkorb umgekippt, alles purzelt heraus.

märkten sind meistens schlecht sortiert und bieten wenig Informationen.

Wir haben sehr gute Erfahrungen durch den direkten Einkauf beim Züchter gemacht. (Bestellung des gesamten Jahresbedarfes im Winter.) Größere Mengen (wenn man mit Nachbarn zusammen bestellt oder großen Bedarf z. B. für Gründüngung mit Spinat hat) sind dann zudem besonders preiswert.

Die Selbstgewinnung von Samen ist nicht empfehlenswert.

Guter, ehrlicher Katalog und Lieferung von kleinen Portionen vom Züchter: Fa. Karl Hild, Kirchenweinbergstr. 15, 7142 Marbach a. N.

Mischkulturen

Grundsätzlich: Mischkulturen sind im Gemüseanbau für den eigenen Garten wohl die beste und einfachste mir bekannte Kulturweise.

Es gibt Pflanzen, die sich gegenseitig im Wachstum unterstützen, solche, die sich «nur» tolerieren, und auch welche, die sich behindern. Dazu gibt es umfangreiche Tabellen. Mißerfolge sind allerdings möglich, weil die beschriebenen Rezepte teilweise unter Bedingungen entwickelt wurden, die im eigenen Garten nicht gegeben sind.

Man muß da viel selbst ausprobieren. Wir achten stets darauf, daß einige «schöne» Dauerkulturen, z. B. Mangold, gut verteilt im Garten stehen.

Auch *Blumen* (z. B. Studenten- und Ringelblumen) kann man einpflanzen. Kräuter gehören auch dazu.

Bei der Mischkultur gibt es nie ganz abgeräumte Flächen und auch nicht die sonst üblichen vielen kleinen Wege. Zum Ernten tritt man zwischen die Reihen, die vorher mit Laub, Grasschnitt, Ernteabfällen und Unkraut abgedeckt wurden.

Zehn Regeln für die Mischkultur

1. Zur erfolgreichen Mischkultur gehören Komposthaufen und Flächenkompostierung (Mulch).
2. Nur am Anfang wird der Boden noch einmal tief gelockert und umgegraben.
3. Sowie im Frühjahr der Boden abgetrocknet ist, wird mit Spinat in Reihen von 40 bis 50 cm Abstand das gesamte Gemüseland eingesät.

Schema der Anordnung der Kulturreihen

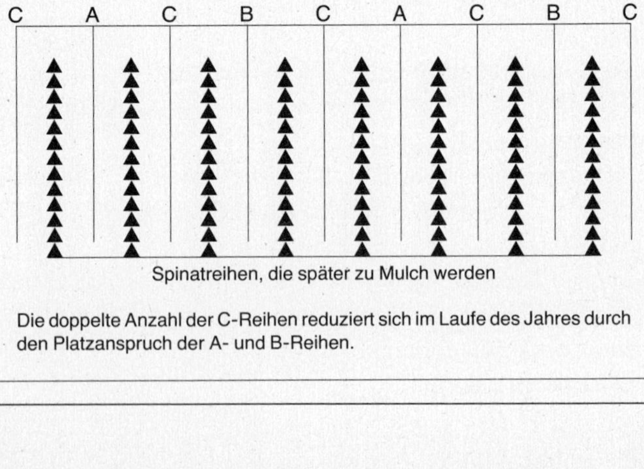

Die doppelte Anzahl der C-Reihen reduziert sich im Laufe des Jahres durch den Platzanspruch der A- und B-Reihen.

Das ergibt die Reiheneinteilung für das ganze Jahr.
4. Zwischen die Spinatreihen werden die einzelnen Gemüse- und Kräuterkulturen gesät oder gepflanzt. Dabei ist darauf zu achten, daß es drei Arten von Kulturreihen gibt: a) Ganzjahreskultur mit großem Platzbedarf (z. B. Tomaten, Stangenbohnen, später Kopfkohl usw., b) Halbjahreskulturen – jede Reihe trägt zumindest 2 Kulturen im Jahr (z. B. Lauch, Zwiebeln, Buschbohnen, Frühkohl, rote Rüben, c) Kurzkulturen und solche mit geringem Platzanspruch (z. B. frühe Möhren, alle Salate, Radieschen, Kohlrabi und Fenchel).
5. Der Spinat wird später abgehackt und dient als erste Mulchlage zur Bodenabdeckung (nur ein Bruchteil wird für die Küche verwendet) und ist auch gleichzeitig «Trittweg» zwischen den Kulturen.
6. Die erste Bodenabdeckung mit dem abgehackten Spinat ist nun immer mit Unkraut, Ernteabfällen etc. zu ergänzen.
7. Auch in den Reihen werden Arten gemischt, die sich gegenseitig unterstützen (z. B. Tomaten, Blumenkohl und Sellerie).
8. Auf die ab Sommer frei werdenden Flächen schnell keimende Gründüngungspflanzen säen.
9. Der Gemüsegarten geht «grün» oder mit Mulchabdeckung in den Winter.
10. Im frühen Frühjahr werden die groben Mulchreste ebenso wie die abgestorbenen Gründüngungspflanzen abgeräumt (Komposthaufen), und die Spinateinsaat – jetzt auf den vorjährigen Kulturreihen – beginnt von neuem.

Gute Nachbarn (einige Beispiele) für Mischkulturen

Tomaten	Möhren	Gurken	Radies	Erdbeeren
Blumenkohl	Zwiebeln	Dill	Salat	Knoblauch
Sellerie	Lauch	Fenchel	Kohlrabi	Lauch
Salat	Salat	Basilikum	Kopfkohl	Zwiebeln
	Dill	Salat	Blumenkohl	Radies

Schlechte Nachbarn (einige Beispiele)

Erbsen	Tomaten	Petersilie	Bohnen	Kohlarten
Lauch	Gurken	Kopfsalat	Erbsen	Knoblauch
Kartoffeln	Fenchel		Fenchel	Zwiebeln
Bohnen	Kartoffeln		Knoblauch	
			Lauch	
			Zwiebeln	

Bläulinge
in Paarung

Halb bin ich aufgebracht, halb kann ich ihn verstehen.

«Das finde ich aber nicht schön von dir», rede ich ihn an. «Schau, ich hab die Möhren mühsam in den Korb gebracht, hilf mal, sie wieder rein zu tun!» Tilo denkt nicht daran.

«Mühsam, ganz mühsam, mühsam.» Das Wort gefällt ihm sehr. «Mühsam, ganz mühsam, mühsam.» Er wiederholt es in einer Art Singsang. Ich lade die Körbe auf den zweirädrigen Erntekarren für den Fall, daß ihm das Umkippen so gut gefallen hat, daß er es noch mal probieren möchte. Aber nicht nur ich hatte ihm die Schere verweigert. Jetzt ist Heino dran. Mit einem kräftigen Anheber leert Tilo den Kartoffelkorb. «Mühsam, mühsam!» singt er und lacht laut dabei. Heino schimpft.

Tilos Dampf ist jetzt offenbar abgelassen, und als Heino ihm eine Aufgabe gibt, geht er mit großem Eifer daran. In kleine Töpfchen füllt er feine Komposterde, Kohlrabis sollen da hineingepflanzt werden. Etwa eine halbe Stunde beschäftigt ihn diese Aufgabe, und wir sind froh, in dieser Zeit zügig mit der Ernte voranzukommen, selbstverständlich nicht ohne zwischendurch immer mal wieder Tilos Werk zu bewundern.

Als er dann wieder um uns herum ist, untersucht er staunend einige ausgehöhlte Kartoffeln, die wir beiseite geworfen haben. Wühlmäuse oder Schnecken haben sie ausgefressen, sich von der reichlichen Ernte ihren Teil geholt. Tilo füllt die hohlen Dinger mit Erde und wirft sie in den Erntekorb.

Plötzlich Geschrei und Tränen. Mit seinen

Tip

Im Frühjahr 1983 haben wir eine neue, sehr erfolgreiche Mischkultur entdeckt. Mitte März wurde eine Fläche für Frühkartoffeln vorbereitet. Der Boden war gerade eben ausreichend abgetrocknet. Der erst halbverrottete Mistkompost wurde flach eingearbeitet (nicht um- und eingegraben), die Kartoffeln gelegt und gehäufelt. Die jetzt völlig unbewachsene Erde tat uns leid. Deshalb wurden Kopfsalat- und Kohlrabipflanzen in die Furchen gepflanzt. Die Fläche wurde erdverkrusteten Fingern hat Tilo sich die Augen gerieben. Heino nimmt ihn auf den Arm – langsam wird aus dem Weinen ein Schluchzen – und geht mit ihm heim. Vorsichtig ziehe ich mit dem schweren, übervoll gepackten Erntekarren hinterher.

Es ist ohnehin Zeit für die Mittagspause.

Kartoffelsamen

Ein sonniger Herbstag – die Kartoffelernte ist fällig. Tilo hilft. Drei große Körbe und eine Grabgabel werden auf die Schubkarre geladen.

«Tsieben – Tsieben – Tsieben!» Mit Papas Unterstützung schiebt er die Schubkarre zehn Meter. Weiter geht nicht.

«Aabeiteen» ist schwer.

Die Grabgabel fällt von der Schubkarre. Natürlich versucht Tilo erst einmal, den Weg aufzugraben, bevor die väterlichen Ermahnungen fruchten und die Gabel wieder auf der Karre landet.

Diese Bewegung nach oben bleibt nicht ohne Folgen.

«Rauf – rauf – rauf.» Und dann noch einmal nachdrücklich: «Raaahauf!» Tilo wird emporgeliftet. Vom obersten Korb hat man eine prima Aussicht, und außerdem schaukelt es. Herrlich!

Unterwegs kommen wir bei Frau Schäfer vorbei. Sie ist bei der Tomatenernte.

«Beer, Beer, Beer ...»

Frau «Täfer» schenkt dem hungerleidenden Kind eine geputzte «Mate», eine Wegzehrung, die exakt bis zu unserem Garten reicht.

mit gelochter Folie abgedeckt, so daß zwischen den Furchen so etwas wie Gewächshausklima entstand. Ab Mai hatten wir Salatköpfe und Kohlrabi im Überfluß. Bis das Kartoffelkraut den Platz brauchte, war alles geerntet. Nach der Kartoffelernte im Juli wurden gleich Erdbeeren und Lauch (Porree) und im August noch Endivien gepflanzt. 1. Salat/Kohlrabi, 2. Kartoffeln, 3. Lauch/Endivien: Das kleine Stück hat in einem Jahr drei Ernten hervorgebracht.

Brauner Bär

Die ersten Kartoffelstauden ausheben – es sind schöne mittelgroße, gesunde Kartoffeln gewachsen.

«Tilo, komm, jetzt legen wir die Kartoffeln in den Korb!»

«Meißen – reinmeißen.»

Jeder gelungene Wurf wird mit einem kräftigen «He – he – he» begleitet.

Zwei Reihen sind ausgegraben, die Kartoffeln durch Tilos Hände in den Korb gewandert, der inzwischen halb voll ist. Vater schwitzt. Aber die Bückerei scheint auch Kleinmenschen mit einer Körpergröße von weniger als einem Meter anzustrengen.

«Steigen – steigen! – rauf – och – oooch – raufsteigen.» Dann hat er den Vater überredet, Tilo «besitzt» im Korb die Kartoffeln, das Ergebnis seiner Arbeit, und freut sich über die neue Aussicht. Nicht lange, und er hat schon wieder ein neues Spiel entdeckt, er leert den halbvollen Korb «Toffel» für «Toffel», dieser wird auf der einen Seite leichter und leichter, gerät aus dem Gleichgewicht, Tilo rutscht und fällt mitsamt Korb in seine ge«missenen» Kartoffeln.

Aber das macht fast gar nichts. Im Gegenteil: wie schön, wenn man in frische lehmige «Toffeln» beißen, sie außerdem in das halbvertrocknete Kartoffelkraut «meißen» und dann wiedersuchen kann.

Ich grabe schneller. Derweil erweckt etwas anderes Tilos Neugier und Leidenschaft: die grünen Kugeln vom Kartoffelkraut. Daß man die grünen Dinger nicht essen darf (giftig), leuchtet ihm nicht sofort ein, wird schließlich aber doch akzeptiert.

Schließlich findet er für die grünen Kugeln doch noch eine Verwendung. Er hat das Loch einer Wühlmaus entdeckt, in das man die Kugeln prima «tecken – rollen – tecken» kann. Das löst eine wahre Sammelwut aus. Sogar ich werde angegangen, beim Sammeln der grünen Kugeln zu helfen.

Die Kartoffeln sind nun alle ausgegraben und in die Körbe befördert. Tilo hat noch zwei Kugeln in der Hand, die er nicht in das Loch «tekken» will, weil sie nicht wieder «raus»kommen.

Jetzt müssen noch die beschädigten und von Mäusen angefressenen Kartoffeln gesammelt und auf den Kompost gebracht werden. Tilo hilft und sammelt immer mit einer Hand eine «leine» und mit der anderen eine «troße» Kartoffel, um sie in den Eimer zu «meißen». Am Komposthaufen entdecken wir noch eine grüne Kartoffelpflanze mit Blüten und kleinen «Kugeln». Die Kugel, die ich – für Tilo völlig überraschend – Kartoffelsamen nenne, beansprucht wieder sein ganzes Interesse. Kartoffelsamen! Das istja nicht zu glauben. Samen sind doch viel kleiner und außerdem braun. Also schneide ich eine Kugel auf. Das ist der Beweis: die Samen sind in der Kugel «drin» und gelblich.

Inge kommt und staunt über das mit Lehm und Spucke köstlich veränderte Gesicht unseres Sprößlings. Dieser hält ihr zur Begrüßung seine zwei Kugeln entgegen: «Samen – Samen – drin.»

Zwei Körbe voller Kartoffeln kommen auf die Schubkarre, Tilo obendrauf. Frau Schäfer ist noch in ihrem Garten und pflückt zum Feierabend Monatserdbeeren. Mit dem Kampfruf

C-Falter

«Beer – Beer» ergattert Tilo ein paar davon. Zum Dank dafür erklärt er der Geberin, was es mit den grünen Kugeln auf sich hat, die er ihr stolz entgegenhält: «Samen – Samen – drin.»

Auf den Kartoffelkörben schaukelnd, breit auf seiner Erdbeere kauend und mit nassen Hosen läßt sich Tilo gnädig nach einem langen Gartentag heimkutschieren.

Ja, tatsächlich, über drei Stunden ist es her, seit wir losgezogen sind.

«Kresse-Damen»

Tip
Zum Kresseziehen braucht man flache Gefäße mit Rand, viereckige sind praktischer als runde, z. B. Steingutschalen von etwa 10×15 cm Größe mit einem ca. zwei cm hohen Rand. Auf nasse Papiertaschentücher wird der Kressesamen sehr eng ausgesät, das Ganze dann auf das Fensterbrett! Regelmäßig gießen! Nach etwa einer Woche ist die Kresse so weit, daß man sie gut verwenden kann – für Kräuterquark, zur grünen Soße, zum Salat oder auf Brot. Man kann

Tilo ist 16 Monate alt. Wir sind in der Küche.

«Am, Am!» Er will auf meinen (Inges) Arm, sehen, was ich «da oben» treibe. Ich habe gerade ein Schälchen mit nassen Papiertaschentüchern ausgelegt und streue Kressesamen darauf. Ich möchte am Fenster Kresse für «Grüne Soße» ziehen. Ich erkläre:

«Das sind Samen.»

«Damen, Damen!» Er ist außerordentlich interessiert. Ich gebe ihm ein paar Samen, die er sogleich in den Mund steckt, um sie «auszuprobieren». Das Schälchen kommt an eine Stelle auf dem Fensterbrett in der Nähe seines Tischplatzes, so fällt häufig sein Blick darauf. Und fast immer kommt Tilo dann von sich aus wieder auf die Samen zu sprechen, bestimmt zwei- bis dreimal am Tag.

«Damen!» Wir holen dann das Schälchen her und schauen, was sich getan hat. Erst schwellen die Samen an. Dann kommen Keime heraus, die immer größer werden, bis nichts von dieser grünen Kressewiese mehr an die kleinen, braunen Samen erinnert. Ich habe den Eindruck, daß Tilo die Veränderung wahrnimmt.

Neue Samen werden ausgesät. Am nächsten Tag sehe ich, wie Tilo sich streckt und reckt, so weit er kann, und sich das Kresseschälchen herunterholt.

Erschrocken sehe ich schon vor mir, wie alles runterfällt und in vielen Scherben daliegt. Aber es passiert nichts, er hat die Schale gut gepackt. Er schaut, greift rein, probiert mal. Ich stelle die Schale dann wieder hinauf. Ich sollte eine andere Schale nehmen, keine aus zerbrechlichem Material, dann kann er sich mit der Kresse beschäftigen, ohne daß ich nervös werde.

Lesetip
Rose-Marie Nöcker: Sprossen und Keime, der Garten im Zimmer, Heyne Verlag, München 1982

die Kresse auch auf Watte oder auf richtiger Erde ziehen. Es ist günstig, Kressesamen in größerer Menge zu kaufen, wenn man sie häufiger verwendet. Das ist praktischer und auch viel billiger. (Etwa 100 g-Päckchen, am besten direkt beim Samenzüchter zu bekommen, Adresse s. S. 59.)

Ostergras

Wir waren nicht sicher, ob wir Ostern würden in den Garten gehen können. Deshalb säten wir eine Woche vorher auf einer großen, flachen Kuchenplatte auf etwas Blumentopferde Gerstekörner aus. Tilo (1¾) half mit und steckte etliche Körner in die Erde.

Nun wurde ihnen jeden Tag etwas Wasser gegeben, und wir sahen nach, was sich da entwikkelte. Schon am zweiten Tag sah man Körner, die prall und am Aufplatzen waren, bald darauf wurden die Keime sichtbar, die hell aus der schwarzen Erde hervorschauten. Beim Betrachten holte Tilo öfter mal eine Handvoll heraus.

«Hab ich was gelaut!» erklärte er. Wir erzähl-

Tip
Zutaten: etwas Blumentopferde, Gerstekörner (gibt's beim Bauern, im Bio-Laden oder im Reformhaus). Das Gefäß muß wasserdicht und ziemlich flach sein (z. B. Teller oder Kuchen-

Kräuter für den Balkon
(mit F versehen auch für die Fensterbank)

	Sonne	**absonnig und halbschattig vertragend**
Kurzkulturen, die häufiger im Jahr gesät werden, damit es ausreichend grünes Gewürz gibt	Dill (F) Borretsch Kresse (F)	Kerbel (F) Kresse (F)
Ein- und mehrjährige Kräuter, die aber in jedem Jahr neu herangezogen und in frische Erde gesät oder gepflanzt werden	Petersilie Basilikum Bohnenkraut (F) Majoran Anis Portulak (F) Kapuzinerkresse (F)	Petersilie Kapuzinerkresse (F)
Zwei- und mehrjährige Kräuter	Schnittlauch (F) Beifuß Estragon Salbei (F) Thymian (F) Zitronenmelisse (F) Ysop Rosmarin (F) Pimpinelle (F) Winterbohnenkraut Fenchel Dost (Oregano) (F) Tripmadam (F)	Schnittlauch (F) Liebstöckel Estragon Pfefferminze (F) Sauerampfer

platte). 8 bis 10 Tage vor Ostern aussähen: zuerst eine dünne Erdschicht ins Gefäß tun, darauf die Gerste dicht an dicht, dann noch mal eine dünne Erdschicht. Feucht und bei Zimmertempera-

ten ihm, daß jetzt das Ostergras zu wachsen anfängt, und setzten das «Geklaute» vorsichtig wieder ein. Bald begannen die ersten Spitzen zu sprießen, wurden länger und länger. Zu Ostern war die Platte tatsächlich mit einem dichten, hellgrünen Grasbüschel bewachsen. Tilo staunte, als er im grünen Gras plötzlich bunte Ostereier entdeckte, hatte er einige davon doch vorher selbst bemalt.

Gemüsearten für den Balkon

Tomaten Paprika Auberginen	eigene größere Gefäße alle wärmebedürftig
Bohnen Gurken	zum Hochrankenlassen
Rote Rüben Radieschen Kohlrabi Gemüsezwiebeln Portulak	häufiger aussäen
Schnittsalat Feld- oder Ackersalat Radicchio	Herbstaussaat

Besonders für den Balkon

Lorbeer	Lassen sich gut durch Schneiden «in Form» halten. Laub wird als Gewürz verwendet. Frostfreier Überwinterungsraum (bis 6° Wärme) ist erforderlich.
Pfefferminze und Zitronenmelisse	Für Tee mit frischen Blättern und zum Würzen. Etwa eimergroße Gefäße (nur nicht so hoch) sind erforderlich – alle 2 bis 3 Jahre teilen und neu pflanzen – Pfefferminze wuchert!
Kapuzinerkresse	Blätter und Blüte können als Salat, Knospen als Gewürz verwendet werden. Die rankenden Sorten erreichen üppiges Wachstum auf dem Balkon – Rankhilfe geben.

Selbstverständlich ging jetzt die Sucherei erst richtig los. Und dabei fand er dann auch die kleinen gut «versteckten» Eier, die nicht sofort zu sehen waren.

Lesetip

B. Thauer: Kräutergarten auf der Fensterbank, Heyne-Verlag, München 1983

tur halten und ab dem 2. bis 3. Tag möglichst hell aufstellen (Fensterbrett o. ä.). Bei den Eiern auf feuchtigkeitsbeständige Bemalung achten (färben sonst im feuchten Gras ab).

Betr.: Dünger, Kompost, Mist

Auch wer seinen Gemüsegarten gern «biologisch» bearbeiten will, kommt um das Düngen nicht herum:

- Gemüseanbau im Garten bedeutet immer die schnellere Erzeugung von mehr Pflanzenmasse, als im natürlichen Kreislauf wachsen würde.
- Durch die ständige Entnahme von Pflanzen (Ernte) werden dem Boden mehr Nährstoffe entzogen, als vom Ausgangsgestein nachgeliefert werden können – früher oder später tritt kümmerliches Wachstum ein.

Der Hauptnachteil der Mineraldüngung – im Haus- und Kleingarten fast immer mit «Volldüngern» – liegt darin:

- Hobbygärtner sind selten in der Lage, die Mineraldüngung auf die Boden- und Pflanzenbedürfnisse differenziert abzustimmen.
- Die langjährige Verwendung der sogenannten Volldünger (z. B. Blaukorn) führt zu einseitiger Boden- und Pflanzenernährung, weil die einzelnen Elemente in verschiedenen Mengen aufgenommen werden.
- Mit der ausschließlichen Mineraldüngung können allzu leicht Fehler gemacht werden, die dann zur Schwächung der Pflanzen und dadurch zu enormer Schädlingsentwicklung mit der Folge verstärkt notwendig werdender Schädlingsbekämpfung führen.
- Der Pflege von Boden und Humus, dem Träger der Fruchtbarkeit, wird bei der auf die Pflanzen direkt wirkenden Nährstoffversorgung kaum Aufmerksamkeit gewidmet. Der Boden muß offengehalten, ständig gehackt und die Kulturen müssen ständig begossen werden.
- Das Bodenleben selbst wird durch konzentrierte Nährlösungen (starke Gaben wasserlöslichen Mineraldüngers) wie auch durch chemische Unkrautbekämpfung mindestens zeitweise erheblich gestört.

Deswegen verwenden alle «biologischen» Verfahren viel Zeit und Mühe auf die Bodenpflege.

Merksatz: Nicht die Pflanze, sondern der Boden muß ernährt werden. Die Pflanzen bekommen dann von selbst, was sie brauchen.

Das will im Boden «ernährt» werden:

je Quadratmeter in den obersten 15 cm des Bodens leben

ca. 1000 Gramm Bakterien u. Einzeller	ca. 1000 Gramm verschiedener Pilze	ca. 500 Gramm Würmer (einschließlich Regenwürmer)	ca. 60 Gramm Algen, Asseln, Tausendfüßler, Springschwänze usw.

Die preiswerteste und einfachste Möglichkeit, den Boden zu «füttern», bietet der Kompost. Kompostwirtschaft steht im Zentrum jeder «biologischen» Anbauweise.

Der Komposthaufen

Ein Komposthaufen ist im Garten unverzichtbar. Wer ihn allerdings nur als Abfallsammelstelle behandelt, wird nicht viel Freude daran haben.

Darauf muß man achten:

- Der Kompostplatz soll *windgeschützt* und *schattig liegen.*
- Der Boden des Kompostplatzes darf *nicht befestigt* werden.
- Der Platz darf nicht zu klein bemessen werden, weil Arbeitsfläche, ein aufgesetzter Haufen und eine Sammelstelle Platz haben müssen.
- Den besten Kompost erhält man, wenn *viele verschiedene Materialien gemischt* werden. Zur Mischung gehören auch ein paar Schaufeln belebter Erde vom Kompostplatz.
- Jede etwa 20 cm hohe Materialschicht wird mit der Erde «überzuckert». Das gilt für frei aufgesetzte Haufen genauso wie für alle Formen von Kompostsilos. (Wir selbst setzen nur freie Haufen auf, weil uns die Silos zu teuer, zu häßlich und die meisten zu wenig luftdurchlässig sind.)
- Der aufgesetzte Haufen wird immer mit frischem Rohmaterial (Grasschnitt, Stroh, großes Unkraut usw.) abgedeckt.
- Kompost, ob fertig «vererdet» oder als Rohkompost, wird nie vergraben, sondern nur oberflächlich eingearbeitet.

Flächenkompost / Mulch

Die Entstehung eines Waldbodens gilt als Modell für die Flächenkompostierung. Alles, was im Garten an organischem Material anfällt, wird gleich wieder auf dem Boden verteilt. Zerkleinern fördert den Abbauprozeß.

Die auch Mulchen genannte Flächenkompostierung gehört fest zum Anbau von Mischkulturen. Voraussetzung ist, daß nicht mehr umgegraben wird.

Die Bodenlockerung wird mit dem Grail (auch Krail) oder ersatzweise, weil der Grail nicht so tief reicht und schwerer zu ziehen ist, mit einem Kultivator (auch Krümmer) durchgeführt. Der Boden soll lediglich gelockert, aber nicht umgeschichtet werden. Die Vorteile des Mulchens:

- Der Boden ist immer vor Wind, Sonne und Regen geschützt (kein Verschlämmen und Verkrusten der Oberfläche).
- Der Boden hält viel besser das Wasser – es braucht (fast) nichts mehr begossen zu werden.
- Die Arbeit am Komposthaufen wird weniger.
- Das Umgraben im Herbst entfällt.
- Der Boden wird beim Betreten (etwa für die Ernte) nicht mehr so stark verdichtet.
- Das fortwährende Hacken fällt weg.
- Die Entwicklung einjähriger Unkräuter wird gehemmt.
- Der Boden lebt!

Die Nachteile des Mulchens liegen vor allem in der schwierigeren Bekämpfung der Wurzelunkräuter, weil diese alle mit der Hand gejätet

werden müssen. Außerdem wird die Wühlmausgefahr größer, weil sie unter der Mulchdecke ideale Bedingungen vorfindet.

Einige in den Kulturen oder im Mulch auftretende Schädlinge lassen sich durch gezielten Einsatz von kleingeschnittenen Kräutern wirksam bekämpfen (z. B. Erdflöhe bei Radieschen durch Wermutmulch).

Darauf muß man achten:

- Die Mulchdecken müssen ständig beobachtet und ggf. ergänzt werden.
- Grasschnitt immer mit Laub oder Stengeln mischen, weil das Gras sonst heiß wird und anschließend fault – es soll aber langsam verrotten.
- Weil bei der Rotte zunächst Stickstoff verbraucht wird, ist es meistens sinnvoll, einen langsam wirkenden organischen Stickstoffdünger (Hornspäne z. B.) im Frühjahr zu geben.
- Im Hochsommer soll die Mulchschicht am dicksten sein.
- Wenn eine Gründüngung nach der Ernte durchgeführt werden soll, muß das grobe Material der Mulchdecke auf den Komposthaufen, weil man sonst nicht einsäen kann.
- Häufig verstärkt auftretende Nacktschnecken kann man mit Kerbelaussaaten vertreiben.

Gründüngung

Mit einer Gründüngung werden mehrere Ziele verfolgt:

- Verbesserung der organischen Substanz des Bodens;
- Beschattung des Bodens und

Schutz vor extremen Einwirkungen von Regen und Wind;
- Tiefenlockerung des Bodens durch das Wurzelwerk;
- Verminderung der Nährstoffauswaschung;
- Anreichern des Bodens mit Nährstoffen – speziell Stickstoff – durch Schmetterlingsblütler.

Im Gemüsegarten werden für die Gründüngung hauptsächlich nicht winterharte Pflanzenarten auf frei werdenden Flächen ab Sommer verwendet.

Senf ist eine gute Gründüngungspflanze, die bei Herbstaussaat im Winter erfriert und eine sehr gute Saatfläche im Frühjahr hinterläßt (nicht umgraben!). Bei früheren Saaten werden die Flächen einfach abgehackt und die Pflanzen als Mulchmaterial verwendet. Senf darf aber nicht als Vorkultur von Kohlarten gesät werden. Dadurch würde die Kohlhernie (schwer bekämpfbare Kohlkrankheit) verstärkt. Senf keimt sehr schnell, ist deshalb gut für eine schnelle Bodenbedeckung im ganzen Jahr geeignet.

Halb- oder ganzjährige Gründüngung: Perserklee, Wicken, Erbsen (Aussaaten März – August).

Frühherbstsaaten – nicht winterhart: Platterbsen, Sommerwicken, Bitterlupinen, Phacelia (Aussaaten bis September).

Mistkompost

Eine Fuhre Mist vom Bauern ist wohl der Traum jedes Gemüsegärtners. Im Herbst anfahren lassen, in kleine Haufen verteilen und tief unten in die herbstliche Grabfurche eingraben – das war der übliche Gang der Handlung. Wenn im nächsten Jahr die Pflanzen nicht prächtig wuchsen, war die Enttäuschung groß.

Wie Mist im Garten richtig verwendet wird:
- Mist *niemals frisch* im Garten in den Boden einarbeiten.
- Mist kompostieren, dabei immer auch belebte Erde oder besser reifen Kompost zugeben (Schichten siehe Kompost).
- Mistkompostmieten immer mit Luft versorgen (in der Mittelachse des künftigen Haufens 3 bis 4 Pfähle einrammen und nach dem Aufsetzen herausziehen).
- Mindestens einmal – besser zweimal – umsetzen.
- Nach einem Jahr ist der Mist dann genügend für die Verwendung im Garten angerottet (viele Regenwürmer befinden sich noch im Haufen).
- Den Mistrohkompost nur oberflächlich einarbeiten. Man hat dann ideale Pflanzflächen, weniger gute Saatflächen.
- Anschließend sofort mulchen – der Rotteprozeß muß weitergehen.

Lesetip

G. Steinbach: Der Gemüsegarten, Heyne Verlag, München 1980 (Gut lesbares, praxisnahes Taschenbuch für alle Themen des Gemüsegartens).

A. Seifert: Gärtnern, Ackern – ohne Gift, Biederstein-Verlag, München 1979 (Es handelt sich um das Kompostbuch mit vielen Arbeitshinweisen und Erfolgsgeschichten in einer für ältere Gartenbücher typischen, romantisierenden Sprache, enthält kaum informative Bilder.)

Gemüsekalender zur schnellen Übersicht

▲▲▲ = Aussaatzeiten im Haus/Frühbeet oder auch Folie
△△△ = Aussaatzeiten Freiland
☆☆☆ = Erntezeit

	Jan.	Febr.	März	April	Mai	Juni	Juli	Aug.	Sept.	Okt.	Nov.	Dez.	
Kopfkohl	▲▲▲	▲▲▲	▲▲▲	▲△△	△△		☆☆☆	☆☆☆	☆☆☆	☆☆☆	☆☆☆		frühe und späte Sätze in entspr. Sorten
Blumenkohl	▲▲▲	▲▲▲	▲▲▲	▲△△	△△△	△☆☆	☆☆☆	☆☆☆	☆☆☆	☆☆☆			frühe und späte Sätze in entspr. Sorten
Kohlrabi		▲▲	▲▲▲	▲△△	△△△	△△ ☆	☆☆☆	☆☆☆	☆☆☆	☆☆			frühe und späte Sätze in entspr. Sorten
Rosenkohl	☆☆☆			△△△						☆	☆☆☆	☆☆☆	
Grünkohl	☆☆☆	☆☆☆	☆☆☆	△△△ ☆	△△△	△△					☆	☆☆☆	frischer Austrieb im April eine Delikatesse
Brokkoli				△△△			☆☆	☆☆☆	☆☆☆	☆☆☆	☆☆☆		
Buschbohnen					△△△	△△△	△△△ ☆	☆☆☆	☆☆☆	☆☆☆			frühe und späte Sätze in entspr. Sorten
Stangenbohnen					△△△	△△		☆☆☆	☆☆☆	☆☆☆			
Erbsen				△△		☆☆☆							
Porree	☆☆☆	▲▲ ☆☆☆	▲△△ ☆☆☆	△△△	△△			☆☆	☆☆☆	☆☆☆	☆☆☆	☆☆☆	Früh- und Wintersorten
Zwiebeln			△△	△△				☆☆	☆☆				
Frühlingszwiebeln				☆☆	☆☆☆			△△△	△				
Kopfsalat		▲▲	▲△△	△△△ ☆	△△△ ☆☆☆	△△△ ☆☆☆	△△ ☆☆☆	☆☆☆	☆☆☆	☆☆			frühe und späte Sätze in entspr. Sorten
Eissalat				△△△	△△△	△△△	△☆☆	☆☆☆	☆☆☆				frühe und späte Sätze in entspr. Sorten
Zuckerhut							△△△			☆	☆☆☆	☆☆☆	Winterernte in geschützten Gegenden
Endivie						△△△	△△△		☆	☆☆☆	☆☆☆		

Feldsalat	☆☆☆	☆☆☆	☆☆☆	☆☆				△△△	△△☆	☆☆☆	☆☆☆	☆☆☆	2–3 Sätze
Chicorée	☆☆☆	☆☆☆	☆☆☆		△△							☆☆☆	Rübenernte Nov./Treiben in Sätzen ab XII
Radicchio					△△	△△△				☆	☆☆☆	☆☆☆	Ernte in milden Wintern bis Februar
Spinat			△	△△△ ☆	△ ☆☆☆	☆		△△	△△△ ☆	☆☆☆	☆☆☆		auch zwischendurch für Gründüngung
Mangold				△△△ ☆☆☆	△△		☆	☆☆☆	☆☆☆	☆☆☆	☆☆☆		neuer Austrieb im Frühjahr
Gurken					△△△		☆☆	☆☆☆	☆☆☆				
Tomaten		▲▲▲	▲▲				☆☆	☆☆☆	☆☆☆	☆☆☆			
Möhren			△△△	△△		☆☆☆	△△△ ☆☆☆	☆☆☆	☆☆☆	☆☆☆			späte Sätze nur mit Frühsorten
Radieschen			△△	△△△ ☆	△△△ ☆☆☆	△△△ ☆☆☆	△△△ ☆☆☆	△△△ ☆☆☆	△△ ☆☆☆	☆☆☆			frühe und späte Sätze in entspr. Sorten
Rettich			△△	△△△	△△△ ☆	△△△ ☆☆☆	△△△ ☆☆☆	△△ ☆☆☆	☆☆☆	☆☆☆			frühe und späte Sätze in entspr. Sorten
Rote Rüben					△△	△△△	△△ ☆☆	☆☆☆	☆☆☆	☆☆☆			2 Sätze
Sellerie			▲▲▲						☆☆	☆☆☆	☆		Pflanzen besser kaufen – Selbstsaat ist unsicher
Schwarzwurzeln			△△△	△△						☆☆	☆☆☆		
Fenchel			▲▲▲	△△△	☆☆☆	△ ☆☆☆	△△△ ☆☆☆			☆☆	☆☆☆		auf schoßfeste Sorten bei Frühsaat achten gelingt nicht immer
Zucchini			▲▲▲	▲▲			☆	☆☆☆	☆☆☆	☆☆☆			Trockenheit schadet nicht
Paprika		▲▲	▲				☆	☆☆☆	☆☆☆	☆☆☆			nur an warme, geschützte Stellen pflanzen
Auberginen		▲▲	▲					☆	☆☆☆	☆☆☆			nur an warme, geschützte Stellen pflanzen

Kapitel 4

Ernten bis zum «Gehtnichtmehr»

Himbeeren für Papa

Tilo und ich (Inge) sind im Garten, um nachzusehen, was sich in unserem Urlaub dort so getan hat.

Wir ernten Himbeeren und Johannisbeeren, Salat und Erbsen. Erbsen gibt es nur wenige, wir essen sie gleich frisch auf. Tilo muß sich anstrengen, um die kleinen grünen Dinger aus den von mir geöffneten Schoten herauszupulen.

Bei den Himbeeren geht's weiter.

«Ist die gut, Mama?» Da hat er leider eine unreife erwischt. Ich mache ihm vor, wie leicht die dunkelroten sich pflücken lassen. Immer wieder streckt er mir entgegen, was er gepflückt hat – «eine ganz rote» –, und ißt sie, wenn ich ihm aufmunternd zunicke. Besonders begeistert äußert er sich immer wieder über die «ganz troßen».

Als wir heimgehen, hat er eine Idee. Er sucht sich zwei besonders große Himbeeren und nimmt in jede Hand eine:

«Will ich dem Papa bringen.»

«Finde ich prima, da freut sich Heino sicher.»

Unterwegs geht Tilo ganz vorsichtig, und er

Weiter Seite 80

Obst im Garten für Kinder (und Erwachsene)

Man wundert sich, daß man in so vielen Gärten so wenig probieren kann. Dabei gibt es viele Möglichkeiten, die Lust am Garten durch Früchte zu steigern. Wenn auch die Methode pflücken – essen nicht mehr uneingeschränkt empfohlen werden kann, bedeutet der Zwischenschritt durchs Wasser (Schadstoffe aus der Luft abwaschen) nicht den Verlust des Vergnügens.

Himbeeren
brauchen viel Pflege – besonders Humusabdeckung und jährlichen Rückschnitt. Durch frühe und späte Sorten läßt sich die Erntezeit länger ausdehnen.

Brombeeren
müssen streng im Zaum gehalten werden. Sie sind in der Randpflanzung verwendbar.

Johannisbeeren
können gut von Kindern geerntet werden. Die Sträucher können auch in der Randbepflanzung untergebracht werden. Schwarze Johannisbeeren dagegen brauchen einiges mehr an Platz.

Rhabarber
ist das erste «Obst» und vielseitig verwendbar. Kinder akzeptieren die sauren Stengel begrenzt.

Süßkirschen
sind sehr beliebte Früchte, allerdings, wegen der Baumgrößen können die Kleinen nicht selbst ernten. Die Bäume brauchen viel Platz.

Sauerkirschen
sind durch Form und Farbe attraktiv, weniger durch den sauren Geschmack.

Äpfel
sind für Kinder besonders interessant. Es gibt sehr viele Sorten. Auf Anfälligkeiten für Krankheiten und auf die Ansprüche an Klima, Boden und Pflege achten. Schwach wachsende Unterlagen wählen, man kann dann früher ernten.

Birnen
Die meisten Birnen brauchen wärmeres Klima. Wer das nicht beachtet, wird leicht enttäuscht. Auch bei Birnen auf schwach wachsende Unterlagen (Quitte) achten. Die meisten Kinder mögen Birnen sehr gern.

Aprikosen
sind beliebte Früchte für Kinder. Stark wachsend und wärmebedürftig. Schöne Bäume.

Pfirsiche
sind bei kleinen Kindern wegen der rauhen Haut nicht immer geschätzt. Deshalb wenigstens auf Weichschaligkeit achten. Nektarinen als Alternative sind sehr krankheitsanfällig wie auch die gelbfleischigen Pfirsichsorten.

Mirabellen
stehen im Garten in Konkurrenz mit späten Johannisbeeren und Himbeeren. Als Kompott im Spätherbst und Winter sehr beliebt. Die kleinen Bäume sind anspruchslos.

Zwetschen
und Pflaumen sind von großem Interesse. Späte Hauszwetsche am besten und vielseitigsten. Bis auf Auslichtung der Kronen ohne besondere Ansprüche.

Erdbeeren
gehören zum Beliebtesten. Monatserdbeeren liefern Früchte bis zum Spätherbst. Sie können auch als kleine Flächen bodendeckend gepflanzt werden.

Nüsse
Walnüsse stellen Ansprüche an das Klima. Veredelte Sorten haben bessere Früchte und manche kleinere Kronen, sie sind dadurch auch für Gärten interessant. Sämlinge (auch die selbst ausgesäten) werden zu groß und brauchen zu lange bis zur ersten Nuß. Ernten, knacken und essen macht Spaß. Haselnüsse anzupflanzen lohnt nur, wenn man mindestens zwei verschiedene Sorten pflanzt. Sonst hat man kaum Ertrag.

Großer Perlmutterfalter

bemüht sich sehr, nicht zu stolpern, um die besonders schönen Beeren für Papa nicht etwa aus Versehen zu quetschen. Und unaufhörlich blubbert es aus ihm heraus: «Papa freut sich, Papa danke schön sagt, wenn Tilo Beeren bringt.»

Als wir zu Hause anlangen, steht Heino auf der Leiter, um die oberen Fenster vom wilden Wein freizuschneiden. Er sagt, daß er gleich runterkommt, schneidet aber noch ein bißchen weiter. Jetzt kann Tilo es aber nicht mehr aushalten. Schwupp! Da ist eine der herrlichen roten Beeren in seinem Mund verschwunden. Aus dem Korb gebe ich ihm eine neue, damit er sein Vorhaben trotzdem noch wahr machen kann.

Tip
Monatserdbeeren als Flächenbegrünung an den Rand der «wilden» Hecke – alle drei Jahre neu pflanzen. Eine dornenlose Brombeere an die Pergola oder in die Randbepflanzung – durch Schnitt im Zaum halten. Johannis- und Stachelbeeren an die sonnigen Ränder der «wilden» Hecke.

Endlich ist Heino heruntergestiegen. Tilo steckt ihm eine Beere in den Mund, die andere sich selbst. «Die triegt Papa, die triegt Tilo.» Dann holt er neue Beeren bei mir und macht das noch etwa sechsmal so. Heino ist sichtlich erfreut, bedankt sich und ißt die Beeren (die er eigentlich nicht so gerne roh mag, weil manchmal Würmer drin sind).

Tilo strahlt.

Unreife Birne

Tip
Hinweise zur Beschaffung der Pflanzen: 1. Obstbäume nicht unter Zeitdruck einkaufen. Selbst die besten

Heino arbeitet im Gemüsegarten: die Frühkartoffeln sollen geerntet, Erdbeeren neu angepflanzt werden. Inge ist am Haus beschäftigt, sie pflückt Brombeeren. Tilo (2¼) ist mit Heino mitgegangen, hingebungsvoll betrachtet der kleine Bursche eine an einem ebenfalls noch sehr kleinen Baum hängende Birne. Heino ist mit seiner Arbeit sehr beschäftigt. So bemerkt er nicht, wie es passiert. Plötzlich jedoch hat Tilo das faszinierend schöne Ding in der Hand.

Heino ist sauer: «Ich hab dir schon oft gesagt, die müssen doch noch reif werden, erst dann kann man sie essen. Wenn du die Birnen trotzdem jetzt schon abrupfst, kann ich dich heute nicht mehr im Garten brauchen. Geh rüber zur Inge!»

Tilo senkt den Kopf, dreht sich um und geht langsam aus dem Garten hinaus. Er trottet den Feldweg entlang und fängt an zu schluchzen. Noch ein paar Schritte, und er weint laut vor sich hin.

Inge hört es von weitem und denkt zuerst, daß Tilo sich vielleicht weh getan hat. Dann hört sie über die fünfhundert Meter hinweg, wie Heino Tilo zuruft: «Wenn du versprichst, daß du keine unreifen Früchte mehr vom Baum holst, kannst du wiederkommen.»

Tilo hört sofort auf zu weinen, dreht auf der Stelle um und rennt in den Gemüsegarten, so schnell es geht. Bei seinem Vater angekommen, sagt er – noch atemlos: «Das mach ich bestimmt nicht wieder, Papa!»

Tatsächlich hat dieser gute Vorsatz einige Tage gehalten, aber selbstverständlich war er dann auch bald wieder vergessen. Die runden Früchte in guter Greifhöhe haben einen zu starken Aufforderungscharakter für ein zweijähriges Kind, als daß es widerstehen könnte.

Aber es gibt ja – zum Glück – immer wieder «erlaubte Ernten». Und die kostet Tilo aus – bis zum «Gehtnichtmehr».

Baumschulen haben nicht alle Sorten auf allen Veredelungsunterlagen vorrätig.
2. Bei Obstgehölzen aus Supermärkten weiß man nie, ob man einen groß werdenden oder klein bleibenden Baum bekommt, weil die den Wuchs bestimmende Veredelungsunterlage nicht bekannt ist. Dies gilt auch für viele Pflanzenversender.
3. Bei Erdbeerpflanzen besonders großfrüchtige Sorten meiden, weil sie selten gut schmecken.

Lesetip
Knaurs Obstbuch, Droemersche Verlagsanstalt, München/Zürich 1979 (Umfassende, aber knappe Behandlung des gesamten Gebietes – allerdings manchmal vom Erwerbsobstbau geprägt. Obstarten und -sorten sind übersichtlich dargestellt. Die Bilder – wie üblich bei Obstbüchern – wecken zu große Erwartungen.)

Obstarten für den Balkon

Erdbeeren
Monatserdbeeren und die sogenannten Rankerdbeeren bevorzugen.

Rote Johannisbeeren (als Stämmchen)
Große Kübel und Platz erforderlich, schwarze Johannisbeeren werden zu groß.

Stachelbeeren, Heidelbeeren
Müssen kräftig geschnitten werden. Auf saure Erde achten und reichlich mit Wasser versorgen. Halbschatten.

Äpfel: James Grieve, Geheimrat Oldenburg
Es kommen nur Sorten in Betracht, die selbst nur kleine Kronen bilden – auf schwach wachsende Veredlungsunterlage (Typ M IX) unbedingt achten. Großes Gefäß und gute Nährstoffversorgung sind erforderlich.

Feigen
Nur für große Südbalkons. In warmen Gegenden (Weinbauklima) können Feigen draußen überwintern.

Weintrauben
Nur für warme Südbalkons – sehr große Gefäße müssen Platz haben; Gefäß vor direkter Sonneneinstrahlung im Winter schützen. Für Klettermöglichkeiten der Ranken sorgen.

Der Balkon-Apfelbaum

Erich und Christine sind Freunde von uns. Oft waren sie bei uns hier draußen in Massenheim zu Besuch. Vor einiger Zeit bezogen sie eine neue Wohnung in Wiesbaden, eine Wohnung mit einem sonnigen Balkon. Natürlich wurde Heino als Fachmann und alter Garten-Hase um Rat angegangen.

Was sie auf diesem Balkon denn alles ziehen könnten?

Auf die Rückfrage: «Was hättet ihr denn

gerne?» kam spontan «ein Apfelbaum». Es klang wie ein tief verborgener Wunsch, den man vorsichtigerweise erst einmal zu einem halben Scherz umgebaut hat, bevor man ihn nach draußen ließ.

Ein Apfelbaum.

Ja, warum kein Apfelbaum?

Heino besorgte im Herbst einen «James Grieve» auf schwach wachsender Unterlage (dann bleibt der Baum immer ziemlich klein) und setzte ihn in einen recht großen Topf.

Überwintern mußte das Bäumchen erst mal in unserem Garten. Im frühen Frühling wurde es dann zu Erich und Christine auf den Balkon geschafft. Seither wird es dort ebenso liebevoll gehegt und gepflegt wie die vielen anderen schönen Pflanzen, die den Balkon in einen richtigen kleinen Garten verwandelt haben.

Zur Zeit der Apfelblüte erfreute er die Etagenbewohner bereits mit einigen schönen, rosig angehauchten Blüten.

Allerdings: auf einen Apfel warteten die Bewunderer des Bäumchens vergeblich. Vielleicht lag es daran, daß die Bienen diese Nektarquelle in der Stadt nicht ausgemacht haben. Daß man in solchen Fällen die Pollen mit der Hand auf die Blütenstengel bringen muß – «die Blüte bestäuben» nennt man das –, hatte Heino vergessen, Erich und Christine zu sagen. Außerdem: nicht jedes Apfelbäumchen bekommt auf Anhieb Früchte.

Die Prognose aber sieht nicht schlecht aus: in ein, zwei Jahren gibt's bestimmt die erste Ernte.

Ganz gewiß auch zur Freude der kleinen Lisa, die kürzlich auf die Welt kam.

Ernten bis zum «Gehtnichtmehr»

Kapitel 5

Es blüht so grün ...

Schneeglöckchen «wieder dran machen!»

Es ist Anfang März, im Garten am Haus sieht es schon bunt aus, wenn die Sonne die Schneeheide, Alpenveilchen, Leberblümchen, Krokus, Schneeglöckchen und die ersten Zwiebeliris bescheint.

Heino und Tilo sind draußen. Sie sehen die Blumen an, und Heino erzählt dem Jungen von ihnen. Tilo streichelt vorsichtig Schneeglöckchen und Schneeheide, die Iris staunt er nur an.

Etwas später hat er ein Schneeglöckchen gerupft. Er betrachtet die Blume genau, dann dreht er sich zu Heino um, streckt ihm seine Beute entgegen und sagt: «Wieder dran machen!»

Daß der Papa das kann, steht ja völlig außer Frage, hat er doch erst vor wenigen Tagen mehrere Spielsachen, die entzweigegangen waren, mit so einem Zeug aus einer komischen gelben Tube zusammengebracht. Und die Spielsachen sahen nach Vaters Bemühungen wieder aus wie vorher.

Das kann doch wohl nicht wahr sein?!

Dieser Riese, Heino-Papa, der alles schafft,

Weiter Seite 88

Blumen

Blumen, Blumen, Blumen
Blumen sind bunt
Blumen kann man rupfen
Blumen kann man zupfen
Blumen duften
Blumen stinken
Blumen kann man pflücken
Blumen kann man verschenken
Ein Garten braucht Blumen

Kinder untersuchen gern und oft die verschiedenen Blüten, ihre Konstruktionen und Farben. Manche lassen sich z. B. mit lautem Knacken abreißen. Sträuße kann man zum Vergnügen (oder zum Entsetzen) der Erwachsenen pflükken. Aufmerksamkeit ist einem da ziemlich gewiß. Außerdem gibt es Knospen, welke und verblühte Blumen. Samenstände und Samen lassen sich als Sträuße wie auch zur eigenen «Sand»produktion verwenden.

Erwachsene lieben ihre Farben und ihren Duft, ein schöner Garten voller Blumen und ein prächtiger Strauß bedeuten beide Freude und Heiterkeit.

Für Tiere sind Blumen von besonderer Bedeutung: Schmetterlinge, Bienen und andere «Geflügelte» ernähren sich von den Blumen und befruchten sie. Von den Blättern leben Raupen, Schnecken und manch anderes. Vögel können die Samen fressen. Unter den Blättern auf und im Boden leben Asseln, Würmer usw.

Darauf muß man achten:
Es gibt *ein- und zweijährige Blumen,* die man säen oder pflanzen kann und die meistens durch das ganze Jahr blühen.

Wichtiger für den Garten sind die *Stauden.* Sie kommen, einmal gepflanzt, jedes Jahr wieder.

Bei allen muß man auf die Standortansprüche achten.

In Gartencentern und in Katalogen stößt man häufig auf die Begriffe «Prachtstauden» und «Beetstauden». Hierbei handelt es sich um seit langem (teilweise seit Jahrhunderten) züchterisch bearbeitete Zierstauden wie Rittersporn und Pfingstrosen. Sie alle brauchen das, was man unter gutem Gartenboden versteht, und einen freien, sonnigen Standort mit Düngung und Bewässerung.

Für einen naturnahen Garten sind in der Regel die weniger durch Züchterhand behandelten Staudenarten von Bedeutung.

Weil der Boden und alles andere nicht mehr künstlich hergerichtet wird, muß man dem Standort viel Aufmerksamkeit widmen.

Man beurteilt ihn im allgemeinen nach folgenden Faktoren:

Das ist für die Gestaltung wichtig:

Zu Anfang dafür sorgen, daß der Boden schnell mit Pflanzen bedeckt ist. Bodenpflege soll durch die Pflanzen und herabfallendes Laub, nicht aber durch die Hacke erfolgen.

Stauden gehören zu Waldrand, Lichtung, Steppe usw. Sie kommen nicht ohne Gräser vor. Deshalb immer die Pflanzung mit Gräsern ergänzen. Es muß (und sollte) nicht das aufgedonnerte Pampasgras sein, daß wie Blaufichte und Blauzeder zum Statussymbol geworden ist. Die leisere Schönheit einheimischer Stauden und Gräser dient uns allen und den Tieren mehr.

Für den Frühling sind Blumenzwiebeln besonders wichtig. Wie bei allen Stauden auch hier auf Gruppenpflanzungen zwischen den später blühenden Stauden achten.

Wir raten auch: Vermeiden Sie die donnernden Farben. Die Tulpensorte «Roter Kaiser» z. B. zeigt, was nicht sein muß, «rotestes Rot». Das erschlägt alles, was sonst noch da ist. Frühjahrsblüher haben immer kräftige Farben, sind aber in der Größe bescheiden.

Wir haben gute Erfolge mit Tulpen, indem wir sie überhaupt nicht mehr ausgraben – es werden immer mehr und immer kleinere Blüten –, dadurch kommen sie auf das Niveau der anderen Frühjahrsblüher. Einige im Frühjahr blühende Zwiebeln samen sich auch aus.

Weder Strauch noch Blumenzwiebeln in «Reih und Glied» pflanzen. Die Zwiebeln so eingraben, wie sie aus der Hand fallen.

Wenn man keine Pflanzen geschenkt bekommt, kostet so eine Pflanzung einiges Geld, aber doch weniger als ein billiger Teppichbelag für die Wohnung. Man braucht je qm Neuanlage zwischen 20 und 30 DM.

Lesetip

BdB Handbuch, Teil III Stauden, Herausgeber: Fördergesellschaft «Grün ist Leben» Baumschulen mbH, Bismarckstr. 44, 2080 Pinneberg/Eigenverlag 1982 (Kurzbeschreibungen vieler Stauden und Gräser, die man in den Gärtnereien auch erhält – jede Pflanzenart ist mit einem Foto dargestellt.)

Förster: Einzug der Gräser und Farne in die Gärten, Verlag Neumann Neudamm, neu bearbeitete Aufl. 1978 (Dieses Buch wurde 1957 im damals üblichen romantisierenden Stil geschrieben. Es ist sehr detailliert – mit Verbreitungskarten, die Fotos sind weniger gut. Für speziell Interessierte aber das beste.)

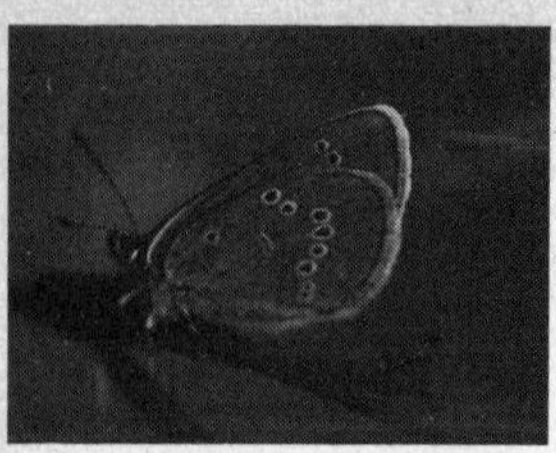
Violetter Waldbläuling

erklärt jetzt, daß man Pflanzen nicht wieder zusammenkleben kann ... Tilo schaut ganz verdutzt.

So als könne er es überhaupt nicht glauben, echot er und scheint sich langsam an den Gedanken zu gewöhnen: «Geht nich!»

Pädagogische Nachbemerkung:

Es war selbstverständlich nicht das letzte Mal, daß Tilo im Garten «gerupft» hat. Wenn man den Kindern nicht den Garten vermiesen möchte, muß man schon einkalkulieren, daß so etwas nicht ganz ausbleiben kann. Wir versuchen immer wieder, Tilo zu erklären, was das «Rupfen» für die Blume/Frucht bedeutet, nämlich daß sie kaputtgeht. Toi, toi, toi! Größere Zerstörungen im Garten hat er bis heute nicht angerichtet ...

Tip

Es muß nicht immer etwas blühen, wir finden es besser, im Jahresablauf mehrere Höhepunkte anzustreben. Man ist dann überrascht, wie ein Garten allein durch die Farben zu jeder Jahreszeit einen ganz anderen Charakter erhält. Nichts in gleichmäßigen Abständen und «rhythmisch» verteilen, sondern in größeren und kleineren Gruppen gleicher Arten und Sorten pflanzen. Es gibt nur wenige Stauden, die für ein «Solo» geeignet sind.

Ein Strauß für Beate

Heute heiratet Beate, Tilos Tagesmutter, den Michael. Wir wollen kurz nach 12 Uhr am Standesamt sein und gratulieren.

Zuvor gehen wir in den Garten. Tilo will erst noch einige Zwetschen ernten.

Er klettert auf den Hocker unter dem Baum, reckt und streckt sich, bis er voller Mühe und unter Aufbietung aller Geschicklichkeit an einige der begehrten Früchte herankommt.

Er macht eine auf: «Hier ist ein Kern drin!»

«Ja, ein Stein.»

«Der muß raus!»

«Ist auch ein Wurm drin?»

«Guck mal, Mama, hier!» Ich schneide die verdorbene Stelle heraus, den Rest ißt er voller Vergnügen. Die nächste Zwetsche ist ohne Einwohner. «Mama, hier kriegst auch was!» Großzügig steckt er mir die halbe Frucht in den Mund. Sie ist überraschend süß und aromatisch.

«Tilo, willst du einen Strauß für Beate pflükken? Sie freut sich sicher sehr, wenn sie von dir einen selbstgepflückten Strauß zur Hochzeit bekommt!»

«Ja, mach ich doch gleich.» Er klettert vom Hocker und geht zu der üppig wachsenden Kapuzinerkresse, von der er schon öfter Sträuße gepflückt hat. Die saftigen Stengel brechen leicht ab, so kann er gut damit umgehen. Er hat auch schon gelernt, längere Stengel dran zu lassen, also nicht nur die Blütenköpfe abzureißen, so daß man alles noch gut in eine Vase stellen kann.

«Ist es gut so, Inge?» fragt er mich und zeigt einige Blütenstengel und Blätter, die er schon gepflückt hat.

«Ja, prima, da wird sich Beate sehr freuen!» Nach einer Weile hat er genug gepflückt. Alles kommt in den Erntekorb, und mit dem Fahrrad, das wir mitgenommen haben, geht es schnell nach Hause.

Später fahren wir mit Dorothea, einer Freundin, und ihrem Sohn Boris (4) zum Standesamt. Boris hat einen gekauften, hübsch gebundenen Strauß für die Braut mitgebracht. Beate freut sich über Tilos selbstgepflückte Blumen mindestens genauso.

Großer Waldportier

«Hallo! Maulwurf!»

Es ist ein sonniger Wintertag – und gar nicht kalt! Tilo schläft mittags nicht. So können wir die sonnigste Tageszeit nutzen, um nach draußen zu gehen.

Tilo wünscht sich einen Spaziergang zum Wickerbach. Mit einer Wegzehrung gehen wir los, als erstes an unserem Garten vorbei, wo neben dem Komposthaufen eine Menge bis zu drei Meter langer Stöcke des Topinambur, der Staudensonnenblume, liegen. Sachkundig sucht Tilo drei Stöcke für den Spaziergang aus, ich, Inge, nehme zwei besonders lange mit.

Auf unserem Weg quer über die Wiesen bleibt er immer wieder stehen. «Jetzt mach ich die Blumen und Blätter ab», verkündet er und verstreut die vertrockneten Pflanzenteile auf der Wiese. Da bleiben seine Augen an ein paar schönen Steinen hängen.

«Die will ich in den Wickerbach schmeißen.» Sorgfältig und mit Mühe verstaut er seinen Fund in den Manteltaschen. Dann überqueren wir einen Weg. Was da so glitzert und sofort Tilos Aufmerksamkeit erregt, sind Scherben, die ebenfalls zu den Steinen sollen ... Mühselig, ihn davon zu überzeugen, daß die scharfen Dinger nicht die richtige Ladung für die Manteltaschen sind.

Am Bach ist Tilos erste Tat, die Steine von der Brücke ins Wasser plumpsen zu lassen. Als nächstes versucht er, mit seinen Stöcken von der Brücke aus den Wasserspiegel zu erreichen. Aber die sind zu kurz dafür. Plumps! Da ist ihm einer aus der Hand geglitten, und fröhlich

Tip
Blühende Arten für die Blumenwiese (s. a. S. 93)

– einjährige Blumen: Klatschmohn, Kornblumen, Kamille

– zwei- und mehrjährige Blumen: Steinklee, Margerite, Glockenblume, Wiesensalbei, Taglichtnelke, Storchschnabel, Kümmel

Die großen Saatgutfirmen bieten inzwischen Samenmischungen für Blumenwiesen mit mehr als 30 verschiedenen Blumenarten (zusätzlich ca. 15 Grasarten) an. Nicht alle werden regelmäßig auflaufen, einige blühen erst im zweiten Jahr, schwimmt er davon. Aber auch Tilo ist nicht traurig, schließlich hat er immer noch zwei.

Wir laufen am Bachufer entlang, bis wir eine Stelle finden, wo wir nahe ans Wasser können.

Pitsch! Pitsch! Tilos Stecken saust ins Wasser, und Tropfen fliegen durch die Luft.

«Inge, das sollst du auch machen!» Also platschen wir zu zweit, bis Tilos Arme müde werden. Stückchenweise verabschiedet er sich von seinen Stöcken, die einer nach dem andern in flotter Fahrt davonschwimmen. Ein Stück noch laufen wir am Ufer nebenher.

«Jetzt will ich in den Bach pinkeln, in den Sprudel!» Er freut sich, daß er es schafft.

Auf dem Rückweg stolpert Tilo mehrmals über Maulwurfhügel, bis er anfängt, ein Spiel daraus zu machen. Er geht auf einen Hügel zu und spricht: «In dem Loch ist der Mauloff drin ...»

«Maulwurf heißt der.»

«Maulwurf! Komm raus!» Tilo betrachtet die Hügel und die Wiese drumherum genau. Plötzlich entdeckt er etwas, das sein Maulwurfspiel schon wieder beendet.

«Eine Pusteblume!» Ich will es erst nicht glauben, aber da ist tatsächlich ein zwar mickriger, aber deutlich zu erkennender Löwenzahn-Fruchtstand. Tilo hebt ihn auf, bläst die kleinen Fallschirme weg, bei den letzten hilft er mit den Fingern nach und verstreut die Samen: «Da sollen viele Löwenzähne wachsen!»

Auf einer Wiese mit höherem, vertrocknetem Gras läßt Tilo sich plötzlich hinplumpsen. «Jetzt bin ich ein Hase!» Auf allen vieren hüpft er im Gras herum und lacht und lacht, springt wieder

andere sind nach den ersten Jahr verschwunden, und manche kommen nicht zur Blüte. Im Laufe von mehreren Jahren wird sich jede Blumenwiese in Richtung der natürlichen Krautflora verändern. Man darf sich also nicht wundern, wenn nach fünf Jahren vielleicht nur noch drei oder vier der gesäten Arten vorhanden sind. Trotzdem ist dann ein wertvoller Bereich für Schmetterlinge, Hummeln, Grashüpfer, Käfer und viele andere Tiere entstanden. In besonderen Verstek-

ken entdeckt man vielleicht auf der Erde brütende Vögel. Gefährdete Pflanzenarten können in einer Blumenwiese überleben. Lieferfirmen für Blumenwiesenmischungen: Fa. Julius Wagner, Äppelheimer Str. 20, 6900 Heidelberg 1 Fa. Sperling u. C., Lüneburg – Nur im Fachhandel

auf, mustert die Wiese prüfend, und an einer Stelle, die ihm wohl noch weicher erscheint, läßt er sich wieder fallen.

«Aua, mein Knie!» Pech! Offenbar war da doch etwas Hartes! Aber da war doch noch etwas anderes? Richtig! Ich hole die «Wegzehrung» hervor. Und die tröstet schnell über den kleinen Schmerz hinweg.

Vom Kirchturm schlägt es zweimal. Wir sind tatsächlich schon zwei Stunden unterwegs! Tilo spürt die zwei Stunden auch. In den Beinen. Er jammert: «Mama, ich will auf deine Schulter!»

Ich bin für einen Kompromiß: «Bis dort vorn am Feldweg läufst du noch auf deinen eigenen Beinen, von dort aus dann mit meinen, ja?» Er nickt und ist es zufrieden. Eifrig läuft er bis zu der vorgeschlagenen Stelle und «reitet» dann auf meinen Schultern. Dabei zupft er mich an den Ohren und hält mir die Augen zu, so daß ich ihm drohen muß, ihn wieder mit seinen eigenen Beinen laufen zu lassen.

Dieser übermütige Kerl! Dieser!

Rasen, Blumenrasen oder Wiese?

Der Traum jedes Gartenbesitzers ist ein saftig grüner, kurz geschorener Rasen, der unkrautfrei, sauber und ordentlich ungefähr die Qualität eines guten Wohnzimmerteppichs aufweisen soll. Dafür wird in Kauf genommen, daß

- langwierige und kostenaufwendige Vorarbeiten durchzuführen sind (Bodenveränderung!),
- mit teuren Geräten ständig gemäht werden muß,
- ohne Unterlaß zu düngen, zu wässern und Unkraut zu bekämpfen ist.

Da ist von Pflegeleichtigkeit keine Spur. Und über Schönheit läßt sich streiten! So ein Rasen ist zwar gut belastbar, aber weil der Boden künstlich verändert wird und nur wenige Grasarten eingesät werden (also eine artenarme Pflanzengesellschaft), entsteht ein unnatürliches Gebilde, welches der ständigen Unterstützung bedarf. Natürliche Entwicklungen können nicht geduldet werden.

Selbstverständlich ist eine grüne Fläche im Garten für Kinder wichtig. Allerdings verlangen weder Kinder noch die Belastbarkeit das oben geschilderte DIN-normierte Einheitsgrün. Wenn statt dessen Gänseblümchen, Ehrenpreis, Schafgarbe und Klee blühen, wird daraus ein Blumenrasen, der sich auch als Spielwiese bestens eignet.

Für die meisten Standorte genügt die Einsaat niedrig bleibender Gräser, denen die Samen entsprechender Wildblumen beigemischt sind (im Fachhandel erhältlich).

Darauf muß man achten:

- Die Fläche muß nach Bedarf gemäht werden.
- Das Schnittgut muß entfernt werden, damit die Nährstoffe im Boden langsam abnehmen.
- Ziel ist ein Magerrasen, in dem ein ausgewogenes Konkurrenzverhältnis zwischen den Gras- und Blumenarten entsteht.

Einige blühende Arten für den Blumenrasen:
Ehrenpreis, Feldthymian, Gänseblümchen, Weißklee, Schafgarbe, Günsel.

Die Zusammensetzung verändert sich nach Lage der Wiese in der Sonne (absonnig oder halbschattig) und in Abhängigkeit vom Boden.

Gegenüber dem «normalen» Rasen hat so eine Blumenwiese mehrere Vorteile:

- Weniger Aufwand bei der Anlage. Der vorhandene Boden braucht in der Regel nicht wesentlich verbessert zu werden.
- Weniger Pflegeaufwand. Die Fläche wird weniger gemäht, nicht gedüngt, und die Unkrautbekämpfung entfällt.
- Die Nahrungsgrundlage für Tiere wird durch Blüten und Samen größer.

- Die Kinder können sich schon früh neben den üblichen Bewegungsspielen hinaus verschiedenen «Blümchenspielen» zuwenden. Auch Kleintiere sind hier vorhanden.
- Die «Monotonie» des grünen Einheitsrasens weicht einer – wenn auch begrenzten – Farbigkeit.

Einen weiteren Schritt zum naturnahen Garten tut man mit der Anlage einer *Blumenwiese*.

Die setzt allerdings voraus, daß man genügend Fläche zur Verfügung hat, die man der täglichen Benutzung entziehen kann (ab 30 qm). Eine Blumenwiese ist trittempfindlich und deshalb als Spielwiese ungeeignet. Der große Pflegeunterschied zum Blumenrasen besteht darin, daß höchstens zweimal im Jahr (im Juli/August und noch einmal im Herbst) gemäht wird. Es hat sich bewährt, so eine Blumenwiese als 3 bis 4 m breiten Randstreifen des Blumenrasens an einer weniger benutzten Stelle einzurichten, wenn der Garten für eine spezielle Fläche nicht groß genug ist.

Man kann Samen selbst gewinnen, wenn es im nahen Umkreis blumenreiche Feldwegstreifen oder Wiesen gibt (den Bauern fragen!).

So wird es gemacht:
Nach der Samenreife (Juli/August) wird gemäht und das Mähgut auf einer Unterlage zügig, aber nicht heiß getrocknet. Dann wird es geschüttelt oder leicht geklopft, damit die Samen auf die Unterlage fallen. Das Saatgut vom Heuschober des Landwirts verspricht nur dann Erfolg, wenn das Heu von blumenrei-

chen Wiesen geholt wurde (nicht von intensiv bewirtschafteten Flächen).

Darauf muß man achten:
- Die Blumenwiese nach der Samenreife im Juli/August zum erstenmal mähen.
- Die zweite Mahd muß vor dem Frost (Spätherbst) erfolgen.
- Das Mähgut muß nach Trocknung entfernt werden (die Samen sollen vorher auf der Wiese ausgeklopft werden).
- Bei Neuansaat muß die Fläche zunächst gleichmäßig feucht gehalten werden.
- Nicht düngen!
- Bei vorhandenen Rasenflächen hat sich Nachsäen nicht bewährt. Erfolg stellt sich ein, wenn der Rasen vorher umgebrochen bzw. aufgefräst wird. Mindestens zwei Jahre vorher ist das Düngen einzustellen.
- Zu kleine Flächen erreichen nicht die beabsichtigte Wirkung, sie sehen aus wie vergessene Restecken.
- Wenn man selbst Saatgut gewinnt, müssen sich Wild- und Gartenstandort entsprechen.
- Die Zusammensetzung der Blumenarten variiert je nach Boden, Sonneneinfall und Feuchtigkeit. Sie verändert sich außerdem ständig im Laufe der Zeit. Die Einjährigen bleiben meist schon im zweiten Jahr aus.

Auf dem Balkon ist einiges anders

Zwei grundsätzlich verschiedene Bepflanzungsweisen mit jeweils vielen Variationsmöglichkeiten kann man beschreiben: die Wechselbepflanzung für jeweils ungefähr ein halbes Jahr (Sommer und Herbst bis Winter) und die Dauerbepflanzung.

1. Wechselbepflanzung
Geranien, Petunien, Studentenblumen, Fleißiges Lieschen und Fuchsien sind die gängigsten Pflanzenarten für die Sommerbepflanzung (Pflanzzeit im Frühjahr nach den Eisheiligen). Bis zum Herbst sind diese Pflanzungen meist total verblüht und ziemlich unansehnlich. Deswegen wird zunehmend eine Herbstpflanzung mit Erika und Chrysanthemen durchgeführt. Dies alles macht Arbeit und kostet immer aufs neue viel Geld.

2. Dauerbepflanzung
Für eine Dauerbepflanzung kommen Stauden, Gräser und Kleingehölze in Betracht. So etwas kann um so langlebiger sein, je größer die Gefäße sind.

Generell stehen für eine Dauerbepflanzung viel mehr Pflanzenarten zur Auswahl. Allerdings muß man sich darüber im klaren sein, daß hiermit nicht die Üppigkeit und Farbenpracht wie mit den «Einjährigen» erreicht werden kann. Der Erde hierfür muß mehr Aufmerksamkeit gewidmet werden – denn schließlich werden diese Pflanzen nicht jedes halbe Jahr mit frischer Erde versorgt.

Zierpflanzen für den Balkon

Übliche Pflanzen:

Geranien (Sonne)
Hängegeranien (Sonne)
Petunien (Sonne)
Fuchsien (halbschattig)
Studentenblume (sonnig)
Knollenbegonien (sonnig bis halbschattig – windschattig)
Blütenbegonien (sonnig bis halbschattig)
Pantoffelblumen (sonnig)
Blausternchen (sonnig)
Fleißiges Lieschen (Halbschatten)
Silberblatt (Herbst)
Chrysanthemen (Herbst)
Glockenheide (Herbst)

Seltenere Pflanzen (nicht immer zu bekommen):

Glockenblume (sonnig – halbschattig)
Sommernelken (sonnig)
Mittagsblume (sonnig)
Mittagsgold (sonnig)
Vanilleblume (sonnig – für Duft)
Männertreu (sonnig – halbschattig)
Wandelröschen (sonnig)
Portulakröschen (sonnig – mageren Boden)
Verbenen (sonnig)
Miniaturdahlien (allein pflanzen)
Husarenknopf (sonnig)
Da gibt es aber noch viel mehr!

Dauerpflanzung für einen heißen Südbalkon

Stauden

Haus- oder Dachwurz in vielen Sorten Zwergschwertlilien
Lavendel
Junkerlilie
Perlkörbchen
Eberwurz
Hornkraut
Palmlilie
Mauerpfeffer
Salbei (Sorte Mainacht)
Fetthennen (verschiedene Arten)
Thymian in mehreren Arten

Gräser

Moskitogras
Fuchsrote Segge
Blaustrahlhafer
Blauschwingel
Schafschwingel

Kleingehölze

Besenheide
Rankende Felsenmispeln
Fingerkraut
Kleine wintergrüne Berberitzen

Rankgehölz in großen Behältern

Trompetenblume (Behälter vor Wintersonne schützen)

Etwas anderes zum Ausprobieren:

Ziersträucher – Duftschneeball
Sommerflieder
kleinere Arten der Spiersträucher
Große Gefäße sind immer Voraussetzung. Auf flache Wurzeln achten. Sommerflieder friert regelmäßig zurück, deshalb bleibt die Größe begrenzt. Auf diesem Gebiet wird viel zu wenig versucht.

Lesetip

Ganslmaier: Beet- und Balkonpflanzen, E. Ulmer Verlag, Stuttgart 1982
(Ausführliche Darstellung mit Bildern und Tabellen – richtet sich in erster Linie an die Fachwelt.)

Blühendes für den naturnahen Garten

I Zwiebeln und Knollen

Für das Frühjahr

Art	*Standort*	*Bemerkung*
Krokus (gelb-blau)	sonnig, Wiese	Laub darf nicht gemäht werden; klare Farben bevorzugen – größere Gruppen pflanzen
Schneeglöckchen (weiß)	sonnig bis halbschattig, Gebüschrand bis in die Wiese	Laub darf nicht gemäht werden, größere Gruppen pflanzen
Märzenbecher (weiß)	halbschattig, unter Gebüsch und Bäumen	in größeren Horsten pflanzen – die Zwiebeln dürfen nicht trokken werden – deshalb möglichst früh (August/September) pflanzen, sonst gibt es Anwachsprobleme
Traubenhyazinthe (Bauernbüble) (blau)	sonnig bis halbschattig, z. B. Gebüschrand bis in die Wiese und zwischen Stauden	kleinere Horstpflanzungen genügen – breiten sich durch Brutzwiebeln und Samen schnell aus – die blaue, häufigste Art bevorzugen
Winterling (gelb)	halbschattig bis schattig, unter Sträuchern – Nordseite –, aber nicht zu trokken	sehr kleiner Frühjahrsblüher – schon ab Februar – größere Kolonien pflanzen, dann vermehrt er sich gut selbst. Durch Pflanzung von zwei Arten (Eranthis hyemelis und E. tubergenii) läßt sich die Blütezeit der Fläche verlängern
Blaustern (blau)	halbschattig bis sonnig, z. B. vom Gebüschrand in die Wiese	hervorragend zur Verwilderung auf dem Blumenrasen geeignet, größere Mengen pflanzen (100 Stck und mehr) – Laub nicht mähen
Tulpen (alle Farben ohne blau)	Sonne	Wildtulpen (auch in Zuchtformen) bevorzugen – in einzelnen Gruppen anpflanzen und sich selbst überlassen; Zwiebeln werden gern von Wühlmäusen gefressen
Narzissen (weiß bis gelb)	Sonne – halbschattig	einfachblühende mit klaren Farben bevorzugen – auch Wildarten

Blühendes für den naturnahen Garten

I Zwiebeln und Knollen

Für den Sommer und Herbst

Art	*Standort*	*Bemerkung*
Kaiserkrone	sonnig-halbschattig, Boden muß guten Wasserabzug haben – Fäulnisgefahr Frühsommer	im Frühsommer imponierende Blüte – die stinkende Zwiebel wird schon im September ca. 20 cm tief gepflanzt – sie soll Wühlmäuse vertreiben – bei uns nicht immer mit Erfolg
Lilien	variabel von sonnig bis halbschattig je nach Art – keine Staunässe – Boden soll in der Regel beschattet sein (etwa durch begleitende Stauden) – Sommer	Königslilien sind ziemlich robust mit herrlichem Duft – deshalb in Nähe des Sitzplatzes. Madonnenlilien sind das Symbol der Reinheit und Unschuld – alte Lilie der Klostergärten mit guten Böden. «Feuerlilien» (Lilium bulbiferum) ist die alte Lilie der Bauerngärten. Das Gebiet der Lilien ist durch viele Arten und Züchtungen sehr weit und kompliziert. Generell gilt: Drei mal so tief wie die Zwiebel hoch ist einpflanzen, für Bodenbeschattung sorgen – auf Bodenreaktion (sauer – alkalisch) achten
Hakenlilie	sonnig – Boden mit gutem Wasserabzug; nur in mildem Klima ohne Winterschutz – ab Juli	Hakenlilien (Crinum × powellii) sind die Amaryllis im Garten – man braucht nur eine der großen Zwiebeln, die im Laufe der Jahre zu einem stattlichen Hort heranwächst – läßt sich gut mit Lavendel und Salvien kombinieren – dann sehr dauerhaft

Einige Prachtstauden für guten Gartenboden und freien Stand

Art	*Farbe*	*Höhe cm*	*Blütezeit*	*Bemerkungen*
Pfingstrose – *Paenia*	weiß-rosa rot	60–100	VI–VII	einfach blühende Sorten bevorzugen (Holbein, Jan van Leeuwen, Surugu), bleiben jahrelang am selben Platz stehen
Schwertlilien – *Iris barbata*	Farbspiel weiß-rosa braun blau	60–120	V–VI	nicht zu tief in einzelnen Gruppen pflanzen. Stark züchterisch bearbeitete Pflanzengruppe. Nur robu-

Art	*Farbe*	*Höhe cm*	*Blütezeit*	*Bemerkungen*
				ste Sorten mit Namensangabe verwenden
Aster – *Aster dumosus*	rosa, blau	30	IX–X	Kissenaster – in kleineren Gruppen pflanzen
Sonnenbraut – *Helenium*	braun, gelb	80–160	V–VI	nur einzelne Gruppen pflanzen
Sonnenhut – *Rudbeckia nitida*	gelb	200	VII–VIII	für den Hintergrund
Sonnenhut – *Rudbeckia sullivanti*	gelb	60	VII–X	vor die Sträucher pflanzen, in größeren Gruppen – Fruchtstände erst im Frühjahr abschneiden
Margerite – *Chrysanthemen*	weiß	60–90	V–IX	früh- und spätblühende, einfache Sorten pflanzen – alle 3–4 Jahre teilen und frisch pflanzen
Winterastern – *Chrysanthemen*	weiß gelb, rosa rot	60–80	VIII–X	bekannte Gartenchrysanthemen in einfach blühenden Sorten. Blütezeit läßt sich durch verschiedene Sorten lange ausdehnen
Tränendes Herz – *Dicentra spectabilis*	rosa	80	V–VI	zieht sich nach der Blüte ganz zurück, Vorpflanzung wichtig
Rittersporn – *Delphinium*	weiß blau	120–200	VI–VII	auf standfeste Sorten achten
Raublattaster – *Aster novae-angliae*	rosa	120	IX	einzeln pflanzen Sorte: Rudelsburg
Indianernessel – *Monarda hybr.*	rot	120	VII–IX	einzeln pflanzen Sorte: Präriebrand
Gräser:				
Lampenputzergras – *Pennisetum compressum*	bronze	80	VIII–IX	Solitärstellung – erst im Frühjahr zurückschneiden
Rutenhirse – *Panicum virgatum*	braun	100	VII–IX	schöne Herbstfärbung nur eine Gruppe (3 Stück)
Perlgras – *Melica ciliata*		40	V–VI	sehr gut zwischen den Stauden – flächig pflanzen
Kräuter: als Zwischenpflanzung				
Ysop	blau	60	VII–IX	eine Pflanze genügt – starkes Insektenlockmittel
Rosmarin	unbedeutend	60	–	Winterschutz notwendig
Salbei	blau	80	VI–VIII	duftet stark, jährlich zurückschneiden
Thymian	rosa	30–30	VI	häufiger zurückschneiden
Sauerampfer	unbed.	50/100	–	die Blütenschäfte immer vor dem Aufblühen abschneiden
Pimpinelle	unbed.	30	–	wie Sauerampfer
Bergbohnenkr.	unbed.	60	–	einmal im Sommer zurückschneiden
Pfefferminze	unbed.	60	–	muß wegen der starken Ausläufer immer im Zaum gehalten werden

Einige Stauden für das Gebüsch und Gehölzrand

Art	*Farbe*	*Höhe cm*	*Blütezeit*	*Bemerkungen*
Herbstanemonen – *Anemone japonica*	*weiß, rosa, rot*	*60–70*	*IX–X*	*wuchert etwas, bedeckt schnell größere Flächen*
Hain- oder Kaukasusanemone – *Anemone sylvestris*	weiß	30	V–VI	wuchert etwas – Flächenbepflanzung
Waldgeißbart – *Aruncus sylvester*	elfenbein	100–150	VI–VIII	prächtige hohe Staude für Einzelstellung am Gehölzrand
Haselwurz – *Asarum europaeum*	gelb	10	III–IV	Flächenbepflanzung im Schatten, wächst langsam
Lungenkraut – *Pulmonaria augustifolia*	blau	30	IV–V	schöner Flächendecker im Gebüsch
Waldglockenblumen	blau	100	VI–VII	bekannte Glockenblume
– *Campanula macrantha trachelium*	blau	80	VII–IX	nur kleinere Gruppen
Leberblümchen – *Hepatica nobilis*	blau	10	III–IV	einzelne Grüppchen unter Sträuchern und Bäumen
Schaumblüte – *Tiarella cordifolia*	elfenbein	20	V	schöner Flächendecker für den Halbschatten, größere Flächen
Waldmeister – *Asperula adorata*	weiß	15	V	wächst gut im verrottenden Laub unter Bäumen und Sträuchern
Gräser:				
Riesensegge – *Carex pendula*	überh. Ähren	80–100	VI–VIII	mit schönem breitem Graslaub, bildet große Horste – wintergrün
Waldsegge – *Carex sylvatica*	Ähren locker hängend	20/50	V–VI	bildet schnell grüne Flächen im tiefen Schatten – wintergrün
Rasenschmiele – *deschampsia-caespitosa*	zarte Rispen	60/100	VI–VII	schöne Horste im Waldschatten, einzelne Horste pflanzen

Stauden für heiße und trockene Standorte

Art	*Farbe*	*Höhe cm*	*Blütezeit*	*Bemerkungen*
Dachwurz – *Sempervivum*	Rosetten grün-grau	5–10	VI–VIII	bilden langsam dichte Polster, einige für Einzelstellung
Adonisröschen – *Adonis vernalis*	gelb	20	IV	wächst langsam – nur Einzelstellung
Stachelnüßchen – *Aceana buchananii*	unbed.	5	VI–VII	graugrüner Flächendecker, wintergrün, flächig pflanzen
Steinkraut – *Alyssum saxatile*	gelb	30	V	bekannte Frühjahrsblüher mit kräftigem Wuchs
Hornkraut – *Cerastium arvense*	weiß	15	V–VII	bildet schöne silbergraue Polster

Art	Farbe	Höhe cm	Blütezeit	Bemerkungen
Schwertlilie – *Iris barbata*	blau, gelb, weiß	50–80	V–VI	nur die robusten, für Verwilderung geeignete Sorten verwenden
Lavendel – *Lavendula angustifolia*	blau	50	VII–VII	bildet kleinere gehölzartige Büsche
Gräser:				
Blaustrahlhafer – *Helictotrichon sempervirens*	stahlblau	80	VII–VII	bildet dicke Horste – für Einzelstellung
Schwingel – *Festuca ovina «Glauca»*	*bläuliches Laub*	*20*	*VII–VIII*	*kleine Horste für kleinere Flächen*

Einige Pflanzen für den Teich

Wassertiefe	Art	Bemerkungen
Wasserpflanzen		
50–200	Seerose (Nymphea)	brauchen Platz und Sonne
50–200	Teichrose (Nuphar)	
bis 150	Schilf (Phragmites)	kommt für kleine Teiche nicht in Betracht, wuchert und kann Dichtungen durchstoßen
bis 100	Rohrkolben (Typhar)	wuchert sehr stark und kann schnell den ganzen Teich besiedeln – nicht für kleine Teiche
10–100	Tannenwedel (Hippuris)	breitet sich stark aus
25–50	Wasserknöterich (Polygonum)	kann wuchern
30–50	Seekanne (Nymphoides)	
bis 30	Igelkolben (Sparganium)	
10–30	Pfeiferkraut (Sagittaria)	
Für die Uferzone:		
bis 20	Binsen (Juncus)	schöne Horste
bis 10	Fieberklee (Menyanthes)	selten
bis 20	Blumenbinse (Butomus)	
bis 5	Seggen (Carex)	
bis 5	Sumpfschwertlilie (Iris)	schön gelb blühende Horste
bis 5	Sumpfdotterblume (Caltha)	

Kapitel 6

Tiere im Garten

Pfingstrosenknospen sind leider kein «Tohl»

Wir sind bei Freunden im Hof. Alle drei Kinder fahren mit den Rädchen, spielen im Sand und was ihnen so einfällt.

Da kommt Susanne, sie ist 16 Jahre alt, holt ihren schwarzen Zwerghasen aus dem Stall und läßt ihn im Garten laufen.

Die Kinder sind fasziniert und versuchen, dem Hasen näher zu kommen, um ihn zu streicheln, ihm etwas zu essen zu geben. Boris rupft für den Mümmelmann einen Löwenzahn, Julia bringt ein Kartoffelblatt.

Ich sage zu ihr, daß Hasen das nicht fressen und daß der Gartenbesitzer (Vater von Susanne) das sicher auch nicht gut findet, wenn sie Kartoffelblätter ausrupft. Hasen fressen lieber Kohl und Salat und solche Sachen.

Tilo verschwindet um die Hausecke. Nach kurzer Zeit kommt er zurück und präsentiert dem Hasen «Tohl». Er hat eine Pfingstrosenknospe in der Hand.

Kaisermantel

Er ist ganz enttäuscht, als ich ihm sage, daß diese Knospe zwar ganz ähnlich wie ein Rosenkohlröschen aussieht, aber etwas ganz anderes herauskommt, und daß der Hase das auch nicht fressen kann.

Mir ist es schon etwas peinlich, daß solche Verwechslungen bei anderen Leuten passieren. Zum Glück aber haben unsere Gastgeber sehr viel Verständnis für Kinder und ihre Ideen.

Tip
Wie man die Ansiedlung von Tieren fördert:
– Zunächst ganz allgemein: sich über die Grundbedürfnisse der Tiere informieren und nach und nach versuchen, den Garten entsprechend einzurichten; chemische Schädlingsbekämpfung nur bei drohenden Katastrophen und dann auch nur gezielt. Man trifft mit den Schädlingen auch die Nützlinge und insgesamt die Nahrungsquellen der von Insekten abhängigen Tiere.
– «Generalsmäßige» Sauberkeit und Ordnung führen immer zu störenden Eingriffen in die Lebensräume der Tiere; deshalb «natürliche Unordnung» fördern.

Regenwurm-Untersuchung

Heino und Tilo sind im Garten. Während Heino einige Stauden umpflanzt, inspiziert Tilo das Gelände und – was ist denn das? – entdeckt dabei einen Regenwurm. Er spielt mit dem langen, sich windenden schlauchartigen Tierchen, wendet es hin und her, versucht es aufzuessen.

Unsere Nachbarin jätet gerade im Garten, zufällig bemerkt sie Tilos Aufeß-Versuche, wendet sich an ihn und sagt:

«Prima!»

Heino ist inzwischen auch aufmerksam geworden. Er kontert:

«Igittigitt.»

Tilo ist offenbar der Appetit inzwischen vergangen.

Die Nachbarin erzählt von einem ehemaligen Schulkameraden, der die anderen Kinder verblüffte, indem er gelegentlich einen Regenwurm aufaß.

Ja, was wäre denn Schlimmes dabei gewesen, wenn Tilo den Regenwurm gegessen hätte?

Die Mäuschen

Ein sonniger Anfang-März-Tag. Wir sind alle ins «Gut» gegangen. Heino setzt den Komposthaufen um.

Plötzlich springt eine kleine Maus hervor.

«Tilo, Tilo, eine Maus!»

Der graubraune Winzling versucht immer wieder neu, sich im Kompost zu verstecken. Ein vergebliches Unterfangen. Denn kaum hat die Maus sich wieder in die schützende Dunkelheit geschafft, hat Heino mit der nächsten Gabel schon wieder ihre Höhle freigelegt, und aufs neue rennt sie los, um sich einen anderen Eingang zu suchen, der sie wieder in die Gänge unter dem Kompost führt.

Tilo steht, aufgeregt folgen seine Augen dem wilden Spiel.

Endlich springt das hin und her flitzende Wesen in die Wiese neben unserem Garten und ist weg.

Tilo wendet sich wieder seiner Ernte zu.

Eine Weile später stöbert Heino noch eine Maus auf.

Der Junge ist wieder sofort zur Stelle. Diesmal kommt es aber nicht zu einem so lang andauernden Schauspiel. Die zweite Maus wendet sich schon nach kurzer Zeit dem neuaufgeschichteten Komposthaufen zu, wo sie auch prima unterkommt.

Die Katze sonnt sich noch immer ungerührt in der Nähe. Sie hat überhaupt nichts bemerkt. Offenbar ist sie satt und zufrieden: sie schnurrt.

Tilo aber hat jetzt erst richtig Geschmack an der Sache gefunden, er will jetzt noch mehr,

mauern, Waldränder, Dickichte und Krautflächen (z.B. durch Gründüngung im Gemüsegarten) u.a.
– Möglichst viele «Futterpflanzen» für Insekten pflanzen oder nicht beseitigen (Unkräuter).
Wo man sich weiter informiert:
– Naturschutzbehörden in Landkreisen und Städten
– Naturschutzverbände (Anschriften bei den Naturschutzbehörden)

Lesetip
H. Fritzsche: Tiere im Garten, Franckh'sche Verlagshandlung Stuttgart 1983
E. Zimmerli: Freilandlabor Natur, WWF Schweiz / Zürich 1980
Bund Naturschutz in Bayern: Ökologischer Garten, Fischer Taschenbuchverlag, Frankfurt 1981

Damenbrett

nachdrücklich feuert er seinen Vater an: «Noch mehr Mäuse! Noch mehr Mäuse!»

Aber ach, auch als der letzte Rest vom alten auf den neuen Komposthaufen gewandert ist, hat sich zu Tilos Enttäuschung kein Mausetier mehr blicken lassen.

Am Abend vor dem Einschlafen sitzt Heino bei Tilo am Bett. Tilo sind die Augen schon zugefallen, er atmet gleichmäßig in langen Zügen, da geht noch einmal eine Bewegung durch ihn hindurch, er zieht sich etwas zusammen, dreht sich auf die Seite, und bevor er ganz entspannt wegschläft, murmelt er, und ein Lächeln überzieht dabei für einen Augenblick sein Gesicht: «Mäuschen steckt versteckt, Tilo Mäuse fangen!»

Tip

Was man so alles beobachten und unternehmen kann:

– Eidechsen sonnen sich auf warmen Steinen, sie häuten sich, und Haut ist manchmal zu finden.

– Der Frosch frißt nicht nur Mückenlarven, sondern schnappt nach Fliegen und läßt sich vielleicht sogar mit gefangenen Fliegen füttern.

– Den Kaulquappen wachsen Beine, sie verlieren die Schwänze und werden zu Fröschen.

– Kleine Grasfrösche muß man retten (von der Straße) und ins Gras setzen.

Mit Pflanzen und Tieren «befreundet»

Dorle erzählt von Til, der zur Zeit der Geschichte sieben Jahre ist: Er will mit den Geschwistern, wie das bei den Kindern momentan üblich ist, wieder ein «Lägerle» bauen, diesmal hinter dem Teich in der jungen, «wilden Hecke» soll es entstehen.

Dorle will ihn davon abbringen, weil er dort die Tiere störe, die ihre Rückzugsbereiche brauchen, etwa Frösche und Eidechsen.

Tilman: «Das stimmt gar nicht, man kann nur mit ihnen befreundet sein, wenn man nahe bei ihnen ist. Ich habe neulich mein Lägerle bei einer Brennessel gebaut, und seit ich mit ihr befreundet bin, brennt sie mich nie mehr!»

Dorle ist einsichtig, läßt sich aber doch von Til und seinen Geschwistern versprechen, daß sie ihr Lägerle in der Hecke hinter dem Teich ohne Kissen und Decken bauen.

Lesetip
Eric Carle: Die kleine Raupe Nimmersatt, Stalling Verlag, Oldenburg 1969 (Erzählt anschaulich die Entwicklung vom Ei bis zum Schmetterling. Ist auch für zweijährige Kinder schon gut verständlich.)

Was da kreucht und fleucht

In mancher der Geschichten mit Tilo ist deutlich geworden, welche Bedeutung Tiere im Garten für Kinder haben können. Selbstverständlich sind neben dem wild lebenden «Getier» die Haustiere nicht zu vergessen.

Allerdings warnen wir dringend davor, aus einem Augenblicksinteresse des Kindes heraus schnell einen Hund oder eine Katze anzuschaffen.

Haustiere wollen ihr Leben lang versorgt und gepflegt werden. Das kann man aber von kleinen Kindern nicht fordern. Die Arbeit bleibt dann an den Eltern hängen und führt häufig zu Verdruß.

Oft wird auch vergessen, daß es zwischen Haustieren und Spielsachen ein paar wichtige Unterschiede gibt. Die beliebte Schildkröte zum Beispiel quittiert das häufige Füttern und Reinigen lediglich mit einer gewissen Vertrautheit, zeigt aber keine Spur von interessanten Bewegungen und Aktivitäten. Das führt dann häufig wegen der «Langweiligkeit» zur Vernachlässigung und damit zu Siechtum: Tierquälerei.

Hohe Anforderungen an Pflege und manchmal auch Zuwendung stellen Hunde, Meerschweinchen, Kaninchen, Geflügel (Tauben, Hühner, Vögel), die auch meistens nur mit Beschränkungen im Garten zugelassen werden können. Lediglich Katzen halten wir wegen ihrer Selbständigkeit gerade in Gärten am Ortsrand für gute Hausgartentiere. Die häufige Nachkommenschaft sollte man vorausschauend unterbinden.

Probleme kann es durch die natürliche Jagdlust der Katzen geben, weil ihnen nicht nur Feldmäuse und alte, kranke Vögel zum Opfer fallen. In unserem Garten hat es aber die fast frei lebende Katze der Nachbarin bisher nicht geschafft, einen Frosch aus dem Teich zu erwischen. Auch haben wir noch nicht bemerkt, daß brütende Vögel von der Katze erreicht worden sind. Hier spielt das übrige reiche Nahrungsangebot ebenso eine Rolle wie die für die Katze schlechte Erreichbarkeit der Nistplätze. Tilo findet die Katze zwar interessant, streichelt sie auch mal (wenn sie ihn läßt) und freut sich immer, wenn er sie sieht; aber sonst hat sie für ihn noch keine besondere Bedeutung.

Ganz anders sind unsere Erfahrungen mit Tieren, die sich selbst im Garten einfinden.

Da sind erst einmal die Insekten in allen Varianten und Stadien:

Mückenlarven
in jedem kleinen «Gewässer» erregen schon seit jeher die Aufmerksamkeit von Tilo, wenn er sich in der Wasserfläche spiegelt. Da aus diesen Larven stechende Mücken (Schnaken) werden, hat es ihm sehr eingeleuchtet, daß sie vom Frosch gefressen werden sollen.

Ameisen
meistens als lästig angesehen, haben als Futter für Vögel, als Bodenlockerer durch ihren Nestbau in der Erde (nicht so gut unter Pflaster und Platten) und als Transporteure von Samen im Garten ihre besonderen Aufgaben. Die bekannten Beziehungen zwischen Ameisen und Läusen sind für die Vermehrung der Läuse unbedeutend und rechtfertigen die totale chemische Vernichtung nicht.

Tilos Erfahrungen sind gemischt. Die Begeisterung über die ständige Bewegung der Ameisen wird begrenzt durch den Schrecken, der entsteht, wenn die Ausscheidungen der Ameise an seinem Bein zu brennen beginnen.

Daß die Insekten vielen anderen Tieren als Nahrungsgrundlage dienen, ist eine Binsenweisheit. Wer Vögel im Garten will – und wer will das nicht! –, muß auch Insekten wollen.

Außer verschiedenen Vogelarten sind aber auch andere Tiere wie Eidechsen, Blindschleichen, Lurche (Kröten und Frösche) sowie Igel, Haselmaus und Spitzmaus von Insekten als Nahrung abhängig.

Als Tilo einmal abends das stundenlange Schnaufen und Rascheln des Igels im trockenen Laub miterlebte, war das für ihn ein Erlebnis, von dem er noch Tage später immer wieder erzählte.

Schmetterlinge
und ihre Raupen sind immer Gegenstand aufmerksamer Betrachtung auch von kleinsten Kindern. Da viele Arten schon vom Aussterben bedroht sind, sollte man im Garten für entsprechende Nahrungspflanzen sorgen. Die Entwicklung vom Ei zur Raupe und zum Falter läßt sich schon früh erklären. Hierbei hilft das schöne Bilderbuch «Die Raupe Nimmersatt».

Fliegen, Käfer (Marienkäfer), Bienen, Hummeln, Wespen und auch Läuse sind weitere, manchmal nicht ungefährliche Insekten, die zum lebendigen Garten gehören und nicht zuletzt auch die kindliche Neugier erregen.

Einige Sträucher und kleine Bäume für eine «naturnahe» freiwachsende Hecke, auch «Waldrand»

Salweide: Vogelschutz und Bienenweide

Eberesche: Eßbare Art wählen

Haselnuß: Vogelschutz und Bienenweide und Nagetiere – reicher Fruchtansatz nur bei Pflanzung von zwei verschiedenen Sorten

Schwarzer Holunder: Insekten- und Vogelnahrung, Beeren für Suppe und Marmeladen mit besonderer Note, sollen auch Wühlmäuse abhalten

Kornelkirsche: Insekten- und Vogelnahrung – hübsche Blüte schon ab Februar

Schlehe: Insekten- und Schmetterlingsraupen, Früchte nach Frost brauchbar, Vorsicht: wuchert

Hundsrose: Vogelschutz und Insektennahrung, Hagebutten eßbar

Brombeere: Vogelschutz und Insektennahrung, Vorsicht: verwildert leicht zu stark

Heckenkirsche: Vogelschutz und Insektennahrung, Früchte ungenießbar

Feldahorn: Vogelschutz und Bienenweide

Vogelkirsche: Vogelschutz, -nahrung und Bienenweide

Genaueres zu Bodenansprüchen, Größen usw. in guten Baumschulkatalogen.

Einige Bemerkungen zur chemischen Schädlingsbekämpfung

Chemische Schädlingsbekämpfung sollte man nur bei drohenden Katastrophen und dann auch nur gezielt einsetzen. Man trifft mit den Schädlingen auch die Nützlinge und insgesamt die Nahrungsquellen der von Insekten abhängigen Tiere.

Als drohende Katastrophen sehen wir z. B. an, wenn nahezu alle Kartoffelpflanzen mit den roten Larven der Kartoffelkäfer übersät und schon schwere Fraßschäden am Laub vorhanden sind. Wenn das Kraut nämlich abgefressen ist, kann es nicht mehr zu Wachstum und zur Knollenbildung kommen. In so einem Fall hilft nur noch ein speziell und kurz wirkendes chemisches Mittel.

Im Garten kann so etwas trotz aller Vorsorge passieren, wenn man mehrere Wochen (Urlaub!) die

Pflanzen nicht beobachten kann. Im Normalfall wird das Absammeln zu Beginn einer «Invasion» ausreichen.

So einfach, wie Werbung und Verkäufer die zahlreichen chemischen Mittel anpreisen, ist deren Verwendung keineswegs:

- Die Mittel werden in verschiedenen Zuständen angeboten: als konzentrierte Lösungen oder aufzulösende Pulver.
- Aus den Lösungen oder Pulvern sind Spritzbrühen in unterschiedlichsten Konzentrationen herzustellen, von 51%ig bis hinunter zu 0,1%ig – je nach Mittel und Einsatzbereich. Das macht es schwierig, in einer kleinen Menge zur richtigen Konzentration zu kommen, wenn man nicht kleinste Meßbecher und Waagen hat, mit denen man auch Mini-Mengen genau wägen bzw. abmessen kann.

  Von den Gebrauchsanweisungen wird man da meist im Stich gelassen.
- Für den Privatgebrauch sind ohnehin viel zu viele Mittel auf dem Markt, die durch ihr breites Wirkungsspektrum und ihre lange Wirkungsdauer weit über das hinausgehen, was man im Garten braucht.

Jeder mag sich selber die Frage beantworten, ob es gerechtfertigt werden kann, wenn man wegen eines jungen Apfelbaumes, dessen Blätter zu drei Viertel von Läusen befallen sind, zum Fachhändler geht und von diesem das Mittel Metasystox mit mehrwöchiger Wirksamkeit gegen alle beißenden und saugenden Insekten in die Hand gedrückt bekommt.

- **Unser Rat für Fälle, in denen Sie nicht wissen, was zu tun ist:**

Wenden Sie sich an die Pflanzenschutzdienste oder -ämter in den Hauptstädten der Bundesländer. Anschriften und Telefonnummern erhält man von den Innen- bzw. Umweltschutzministerien oder den landwirtschaftlichen Beratungsstellen. Auf die Ratschläge des mehr oder weniger (meist: weniger) sachkundigen Personals in Fachhandel und Supermärkten sollten Sie jedenfalls verzichten.

Kapitel 7

Wasser, Sand und andrer Kram

«Prosch-Musik»

In unseren beiden kleinen Teichen haben sich schon vor einiger Zeit zwei dicke, grüne Frösche eingenistet. Am Anfang hörte Tilo es immer nur platschen und wurde so auf sie aufmerksam, weil sie ins Wasser sprangen, wenn er etwas tolpatschig in ihre Nähe kam. Inzwischen schleicht er sich geschickter an, so daß sie es nicht bemerken, wenn er sie beobachtet.

Gegen Abend werden sie munter und quaken immer wieder.

«Machen die Prösche Musik, Prosch-Musik?» fragt Tilo uns. Wir finden die Idee von der Frosch-Musik originell.

Einmal, als er die Frösche wieder hört, geht er hin und schreit sie an: «Prosch, sei still, jetzt ist aber Luß!»

Am Abend vor dem Einschlafen horcht er noch mal hinaus nach den Fröschen. Als er sie nicht mehr quaken hört, fragt er: «Prösche jetzt auch lafen?»

Wir waren von Anfang an gespannt, wie Tilo sich zu den Teichen verhalten würde. Würde er

Apollofalter

probieren, hineinzugehen oder Dinge hineinzuwerfen? Bisher hat er nichts dergleichen unternommen.

Die Teiche sind inzwischen rundum etwas zugewachsen, vielleicht spielt das eine Rolle. Vielleicht akzeptiert er es aber auch, daß im Teich Tiere und Pflanzen sind, die man nicht stören sollte.

Das Wasserlöcher-Steckspiel

Lesetip
H. Wilke: Der Naturteich im Garten, Gräfe und Unzer, München 1983 (Gut verständlich und knapp wird von der Anlage bis zur Pflege alles Wichtige beschrieben, handlich.) Was lebt in Tümpel, Bach und Weiher, Franckh'sche Verlagshandlung, Stuttgart, Neuauflage von 1983 (Behandelt die Binnengewässer – leichtverständlich, sehr gut bebildert, trotzdem nicht nur für den schnellen Blick. Technische Hinweise zur Anlage eines Teiches.)

Draußen ist richtiges Aprilwetter – mal nieselt es, mal scheint die Sonne, der Wind saust um die Ecken und schüttelt, was an Pflanzen sich hochhält. Tilo (1¾) und Inge gehen in einer Regenpause hinaus auf die Terrasse.

Tilo untersucht die alten Bahnschwellen, die bei uns an vielen Stellen im Garten als Bänke und Treppen eingesetzt sind. Er entdeckt, daß in den ehemaligen Schraublöchern das Wasser steht.

Er bemerkt: «Wasser da drin», und bohrt mit den Fingern hinein, so weit es geht. Dann findet er einige Stöckchen und kleine Zweige mit Tannenzäpfchen, die er mit großer Konzentration in diese Löcher steckt – mal einzeln, mal mehrere zusammen.

Er findet immer wieder neue Kombinationen und verbringt etwa zwanzig Minuten mit diesem Spiel.

Dann kommt ihm eine neue Idee. Er nimmt die Stöckchen und steckt sie in die Erde nebenan.

Wasser im Garten

Wasser ist naß
Im Wasser kann man baden
Wasser kann man bewegen
Wasser kann man gießen
Mit Wasser kann man spritzen
Mit Wasser kann man Eierpampe machen
Ins Wasser kann man Steine werfen
Ins Wasser kann man Sand rieseln lassen
Im Wasser kann man sich spiegeln
Wasser ist durchsichtig
Wasser ist trüb
Im Wasser wachsen Pflanzen
Im Wasser leben Tiere
Wasser ist still
Wasser plätschert

Wie interessant und wichtig Wasser für Kinder ist, wird mir immer wieder deutlich, wenn Tilo in seinem Spiel Wasser auch trocken verwendet: Ob in der Wohnung oder im Wald: aus einem Stock, einem Werkzeug oder sonst einem Gerät «kommt Wasser raus», in Kisten oder zwischen Kissen ist Wasser drin, obwohl weit und breit kein Wasser vorhanden ist.

Toilettenspülung, Waschbecken, Dusche und Badewanne sind beliebte Kinderspielplätze im Haus. Im Garten gibt es mehr Möglichkeiten, allein schon durch die Verbindung von Wasser mit Sand (siehe dort), Regentonne mit Mückenlarven, Vogeltränken, andere kleine und große Gefäße (die vielleicht ursprünglich für Bepflanzungen vorgesehen waren), Wasserzapfstelle, Gartenschlauch, Gartenteich und außerdem Pfützen, kleine Löcher, Planschbecken und ausgediente Gefäße wie Betonierwanne u. ä.

Nicht übersehen darf man allerdings, daß es auch Gefahren gibt:

- Wasser im Freien ist für kleine Kinder wohl nur im Sommer zum Spielen zu verwenden, weil sonst Erkältungen nicht auszuschließen sind.
- Regentonnen als Spielplätze müssen unbedingt gegen Hineinfallen gesichert werden, sonst dürfen dort Kinder nur unter Aufsicht spielen.

Nach ökologischen Gesichtspunkten angelegte Gartenteiche sind als Spielplätze nicht verwendbar. Die Funktion, die sie als Biotop haben sollen, kann sonst nicht erfüllt werden. Lediglich bei ganz großen Teichanlagen ist denkbar, daß ein kleiner Flachwasserbereich, mit Sand aufgefüllt und mit Steinen gesichert, zum Spielen benutzt werden kann. Bei den heute kleinen (und immer kleiner werdenden) Grundstücken scheidet dies aber im Normalfall wegen des Flächenbedarfs aus. Wenn auch nicht als Spielplatz geeignet, sind die kleinen Tümpel jedoch als Lern- und Übungsbereich mit entsprechender Anleitung für Kinder wegen der Vielfältigkeit von Pflanzen und Tieren und wegen der Beobachtungsmöglichkeiten hochinteressant. Weil es bei so einer Teichanlage darauf ankommt, daß möglichst wenig Störungen erfolgen, sollte der Standort so gewählt werden, daß sie nicht ständig ins

Gesichtsfeld der Kinder fällt. D. h. der richtige Platz ist irgendwo am Rande, wo auch eine abschirmende Pflanzung rundherum möglich ist.

Damit sich ein Teich selbst überlassen bleiben kann, ist eine Mindestwasserfläche von vier qm mit einer Mindesttiefe von 80 cm an einer Stelle erforderlich.

Der Teichuntergrund soll so geformt werden, daß unterschiedliche Neigungen entstehen. Vom Ufer aus sollen flache und steilere Stellen geformt werden.

Bei solchen Anlagen braucht man für Abfluß und Zulauf nicht besonders zu sorgen. Die Niederschlagsmengen reichen in der Regel aus, einen Mindestwasserstand zu halten (Ausnahme: im sehr trockenen Sommer 1983 mußte nachgefüllt werden).

Bei richtiger Bepflanzung entsteht kein «stinkender Schlamm», der jährlich entfernt werden müßte und deshalb einen Abfluß erfordern würde. Man ist also relativ frei in der Wahl des Standortes und unabhängig von Installationen, ein Gartenschlauch genügt. Die Verwendung von Regenwasser ist zwar möglich, aber wegen der Belastung durch Schadstoffe nicht unproblematisch, bei Starkregen sollte das Wasser mindestens während der ersten fünf Minuten in den Kanal abgeführt werden.

Zwei Bauweisen können zum Selbstbau empfohlen werden:

1. Die Tonziegelbauweise: Die Teichsohle ist ca. 35 cm tiefer als die beabsichtigte Tiefe auszuheben und standfest zu verdichten. Es sind nur flache Neigungen möglich. Die Dichtung kann auf zweierlei Weise durchgeführt werden: sandfreien Ton mit Wasser durchkneten oder treten (Kinder beteiligen!) und in 15 cm Stärke auf den Untergrund auftragen und glattziehen.

Die andere Möglichkeit besteht in der Verwendung von ungebrannten Tonziegeln, wobei diese – sich überlappend – in zwei Schichten übereinander möglichst eng verlegt werden. Weil der Ton quillt und die Schicht dadurch dicht wird, andererseits aber bei Trockenheit schrumpft, muß die Tonsohle durch 20 cm Sand geschützt werden. Sie darf auch nie ohne Wasser dem Frost ausgesetzt oder trocken werden, da sonst Sand in die entstehenden Risse rieselt, was zur Undich-

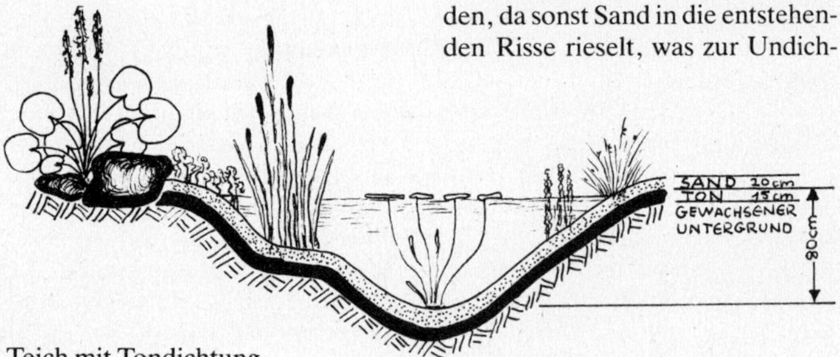

Teich mit Tondichtung

tigkeit führt. Daß keine Pfähle oder sonst etwas eingeschlagen werden dürfen, versteht sich von selbst.

Die Beschaffung des Materials ist manchmal schwierig.

2. *Folienteich*: Die Bauweise mit Folien ist für den Selbstbau im kleinen Garten die einfachste und billigste Lösung.* Heute sind spezielle schwarze Teichfolien in Breiten von 3–5 m und beliebiger Länge zu bekommen.

So wird's gemacht:

- Ausheben des Teichbodens. Dabei darauf achten, daß die Teichsohle mit unregelmäßiger Neigung und auch mit einigen «Terrassen» hergestellt wird. Den standfesten Untergrund möglichst wenig lockern.
- Den Boden von harten Gegenständen, Holzresten und von allen Steinen säubern (die Folie könnte beschädigt werden). Hat man einen sehr ungünstigen Untergrund, muß man eine Sandschicht einbringen.
- Hinter der Oberkante des Ufers einen Graben für die Befestigung des Folienrandes ausheben.
- Folie locker auslegen.
- Ca. ein Drittel mit Wasser füllen.
- Folie leicht nachziehen – aber nicht alle Falten beseitigen wollen; erstens geht das sowieso nicht, und zweitens werden die Unregelmäßigkeiten im Teichboden und die Elastizität durch Falten verbessert.
- Nährstoffarmen Boden (Lehm) einbringen und die Pflanzen für den tiefen Teichgrund pflanzen (Seerosen z. B.).
- Teich ganz mit Wasser auffüllen.
- Wieder nährstoffarmen Lehm auf die Pflanzstellen (die «Terrassen») einbringen und pflanzen.

Folienrand am Ufer in den Graben legen und mit Erde befestigen.

- Ufer mit Pflanzen, Steinen oder Platten befestigen.
- Entwicklung beobachten!

* Anm. d. Herausgebers: Da die Produktion der Kunststoffolie mit Umweltbelastungen verbunden ist, würde ich, wenn möglich, der Tonbauweise den Vorzug geben. Im übrigen hält die Plastikfolie in der Regel nicht länger als zehn Jahre.

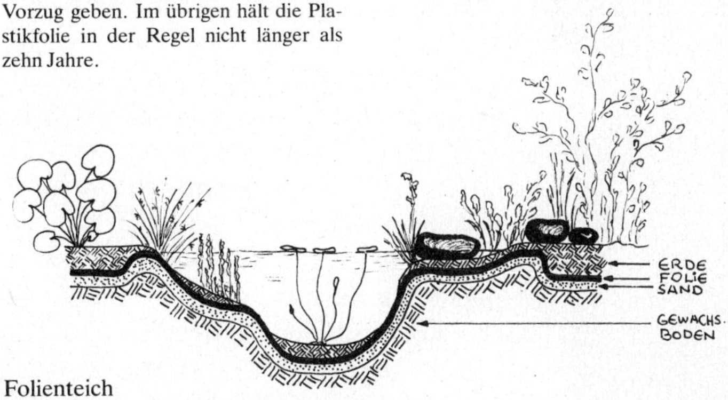

Folienteich

Russischer Bär

«Lanzen!» sagt er.

Er erinnert sich genau daran, wie vor kurzem sein Vater die ersten Salatpflanzen in die Erde brachte, «lanzte».

Gießen

Eines Tages, als ich (Inge) von der Arbeit kam, brachte ich Tilo eine Gießkanne mit. Eine ganz normale 2-Liter-Gießkanne, keine spezielle Kinder-Kanne.

Als es zum Blumengießen ging, war Tilo nun gleich begeistert mit dabei.

«Tilo Blumen gießen!» Zuerst versuchte er, die Blüten und Blätter von Fuchsien, Margeriten und Heliotrop anzugießen. Es leuchtete ihm nicht ein, warum die Erde unter den Pflanzen gegossen werden soll.

Heino erklärte: «Die Pflanzen trinken mit ihren Wurzeln, und die sind in der Erde drin!» Inzwischen gießt Tilo die Pflanzkübel, an die er selber herankommt, perfekt.

Selbstverständlich vergißt er dabei nicht, daß er uns Erwachsene mächtig aufregen kann, wenn er dort Blüten «rupft». Ja, manchmal braucht man als Kind schon seine Tricks, um die Erwachsenen auf sich aufmerksam zu machen!

Überhaupt: bei warmem Wetter ist die Gießkanne sein Lieblingsspielzeug. Er gießt alles mögliche: unsere Beine, seinen Bauch, den Sandkasten, den Froschteich und allerlei

Pflanzen. Das Wasser dazu holt er sich aus seinem Planschbecken.

Und ganz klar ist in jedem Fall, daß die Gießkanne auch ins Schwimmbad mit muß.

Sandspiel

Tilo, Julia (2) und Boris (4) spielen zusammen im Sand. Der Sand ist neben dem Haus aufgeschüttet, in dem Julia und Boris mit ihren Eltern

Tip
Sandspielsachen: Besser (haltbarer, – kein Kunststoff –, vielfältiger, anregender, ideenvoller!) als das übliche Zeug aus dem Spielwarengeschäft ist das «wertlose» ausrangierte Zeug aus dem Haushalt oder vom Flohmarkt, z. B.
- *ausrangierte Bratpfannen,*
- *vom Färben verdorbene Kochlöffel,*
- *Dosen, Becher und interessante Verpackungen,*
- *alte Löffel und*

Kleines Nachtpfauenauge

wohnen. Am Haus steht ein alter, von der Feuchtigkeit verdorbener Küchenschrank.

Boris rührt Sand in einem alten Topf, schüttet alles in ein anderes Gefäß und schiebt das Ganze in den Schrank.

«Das ist unser Backofen, da wird alles gut gebacken!» Er rührt bereits die nächste Portion an.

Tilo und Julia setzen «Kuchen» auf die obere Schrankfläche und wischen sie sich gegenseitig wieder herunter. Mit der Zeit wird daraus gegenseitiges Sandwerfen, und schon bald ist ein schönes Geschrei im Gange. Tilo hat es erwischt.

«Sandauge, Sandauge!» jammert er. «Sandauge!» Ich versuche mit Hilfe eines Taschentuches den Sand aus den Augen herauszubekommen.

Julia hat den ganzen Kopf voll; aus ihren Haaren rieseln die feinen Körnchen, heute wird sie um das ungeliebte Haarewaschen nicht herumkommen. Aber welches Kind läßt sich am Nachmittag davon schrecken, was es am Abend vielleicht Schlimmes erwartet?

Tilo hat sich wieder beruhigt und eine große Schaufel geangelt. Sie hat in der Mitte der Schaufelfläche ein großes Loch, durch das er den Sand in einen Eimer rieseln läßt. Dann trägt er den Eimer um die Hausecke und schüttet ihn dort aus. Jule findet die Idee fabelhaft, rationalisiert den Vorgang aber sogleich: sie benutzt einen Wagen und kippt den Sand direkt vom Fahrzeug dorthin.

Ich versuche zum x-tenmal, den beiden zu erklären, daß der Sand auf dem Haufen bleiben

Schaufeln,
– richtiger kleiner Eimer (besser und stabiler als jeder Kindereimer),
– normale kleine Gießkanne,
– Blechgefäße (Dosen) ohne scharfe Ränder,
– Steine, Muscheln aus dem Urlaub usw.
Überflüssig zu erwähnen: darauf achten, daß die Kinder mit diesem Material weder sich noch andere verletzen können.

muß, weil der Hausbesitzer ihn zum Bauen braucht. Das war nun endlich wohl nachdrücklich genug, die beiden trollen sich. Ich suche nach dem Besen.

Julia hat inzwischen das Sandrädchen entdeckt. Das ist ja vielleicht ein interessanter Apparat! Wenn man oben in den Trichter trockenen Sand schüttet, dreht sich unten das Rädchen.

Ab und zu gibt's Probleme, wenn nämlich ein Stein oder zu feuchter Sand die enge Öffnung nach unten verstopfen. Aber schnell ist ein Stöckchen besorgt, mit dem alles wieder gängig gemacht werden kann.

Boris dagegen geht derweil in die Tiefe. Er treibt einen Stollen schräg nach unten in den Sandhaufen, hat schon ein großes Loch geschaufelt und ist bis dahin vorgedrungen, wo der Sand noch ganz feucht ist.

Smaragdeidechse

Ich buddle ihm von der anderen Seite entgegen, und schon gibt's einen prima Tunnel, durch den sogar ein kleines Auto fahren kann.

Rumms!

Da hat der Berg gebebt, den Stollen gibt's nicht mehr. Tilo und Jule sind über den Sandhaufen gelaufen und haben alles unter sich zusammenstürzen lassen.

Sand in den Strümpfen, unter den Sohlen – das ist ein zu schönes Gefühl. Sie graben sich gegenseitig die Füße ein: Was die Erwachsenen wohl denken, wenn man plötzlich keine Füße mehr hat, keine Schuhe und Strümpfe mehr? Alles weg!

Boris hat seinem, unserem Tunnelbau nicht lange nachgetrauert, mit einer kleinen Gießkanne voller Wasser, das er vom Kran geholt hat, macht er nun «Eierpampe». Am tollsten findet er es, richtige Matschkugeln zu formen und zu werfen. Da sind auch Julia und Tilo gleich mit dabei.

Die Faszination der kleinen Körnchen aus Quarz ist noch lange nicht gebrochen. Wie das mit Kindern so geht, die es gelernt haben, mit ihren Bedürfnissen umzugehen, ändert sich die Gesamtlage erst, nachdem ein anderes vitales Bedürfnis in ihnen allen sichtlich und spürbar Oberhand gewonnen hat.

Tilo war es, der es als erster aussprach, aber die anderen folgten ihm sofort. Für heute war damit das Sandspiel ver- oder gegessen, wie man will. Wie einen Schlachtruf hatte Tilo es heraustrompetet, und es hatte – wie gesagt – seine allgemeine Wirkung nicht verfehlt: «Jetzt muß ich aber pinkeln!»

Sand im Garten

Sand ist weich
Sand rieselt
Sand klebt
In Sand sackt man ein
In Sand läßt sich malen
In Sand kann man Sachen stekken
Im Sand kann man buddeln
Mit Sand kann man schmeißen
Mit Sand kann man formen
Mit Sand kann man bauen
Sand kann man probieren
Sand ist naß
Sand ist feucht
Sand ist trocken

Kaum etwas anderes läßt sich so vielfältig verwenden, nichts anderes weckt das Interesse der Kinder so wie Sand. Das machen einmal die verschiedenen Zustände, in denen Sand sich zeigt, aber auch der Umstand, daß sich in kein anderes Material so viele andere Dinge, Spielideen und Interessen von Kindern einbringen lassen.

Deshalb also die Sandkiste!? – 1,25 mal 1,25 m mit 15 cm breitem Bretterrand und Folie darunter. Herausfallen darf nichts, sauber sei der Rasen! Das Spielen mit den feinen, kleinen, in der Sonne glitzernden Körnchen ist auf «Kuchenbakken» reduziert.

Das ist wahrlich zum Wundern! Aber auch wenn man sich den Katalog der (erweiterbaren) Möglichkeiten unter der Überschrift «Kinder, Sand und Garten» ansieht, ist Wundern erlaubt.

Schon wenn die Kinder nur krabbeln können, übt an heißen Sommertagen Sand seine Faszination auf sie aus; wichtig ist dann, daß der Säugling von der Wiese übergangslos in den Sand gelangen kann. Kleine Kinder essen ab und zu vom Sand, das ist normal und wohl auch unbedenklich, es sei denn, Hunde oder Katzen benutzten den Sand als Klo, oder es handelt sich um schlecht gewartete öffentliche Sandkästen.

Kommt zum Sand noch Wasser hinzu, so wird daraus – jedenfalls für kleine Kinder – ein «umwerfendes Erlebnis»: «Eierpampe» machen, sich alles über den Kopf kippen (und sich dazu und dadurch die Aufmerksamkeit der Erwachsenen sichern), Gruben graben, Staudämme, Bäche entstehen und wieder alles zerfließen lassen ...

Um «Sand» im Garten richtig zu planen, muß man sich klarmachen:

- Der Sandspielplatz wird nur für eine begrenzte Zeit benötigt, in dieser ist er aber ohne Alternative.
- Die Aufsicht sollte *nicht* von allen Stellen aus gewährleistet sein.
- Im Frühjahr ist Sonne nötig, im Sommer lichter Schatten.
- Feststehende Ablageflächen sind zwar notwendig, müssen sich aber nicht unbedingt am Rand der Sandfläche befinden.
- Wasser sollte in der Nähe sein, wenn auch vielleicht nur in festen Gefäßen (z.B. kleinere Holzzuber oder Steintröge).

EINFACHE SANDMULDE IN DER WIESE

Beispiel Nr. 1
Wer noch einen Rasen hat, hebt darin die Erde auf einer mindestens drei Quadratmeter großen Fläche ca. 50 cm tief aus, mit einem Gefälle zur Mitte hin, an der tiefsten Stelle einen halben Meter tiefer (dort Schotter einfüllen!), die ganze Fläche wird nun mit einem Vlies ausgelegt, damit der Sand nicht in den Schotter rieselt; in die Mitte (aber selbstverständlich nicht exakt auf den Mittelpunkt!) kommt ein großer Stein, ein Holztisch oder sonst etwas, das als Ablage genutzt werden kann; Sand hinein, und fertig! (S. Skizze «Einfache Sandmulde in der Wiese», S. 124.)

Beispiel Nr. 2
Wem das nicht «schön» genug ist, der kann so eine Sandmulde mit Pflaster- oder anderen Steinen umranden (s. Skizze «Sandspiegelgrube mit fester Einfassung», s. unten). Die Befestigungsmaterialien müssen allerdings bis zur Sohle der Sandmulde in Beton gesetzt werden, weil die Kinder die Steine sonst schnell ausgraben. Es ist sinnvoll, den Rand breit genug zu machen, damit er auch als Weg dienen kann. Solche Anlagen lohnen sich vor allem dann, wenn der Sandspielbereich später als Wasserbecken genutzt werden soll.

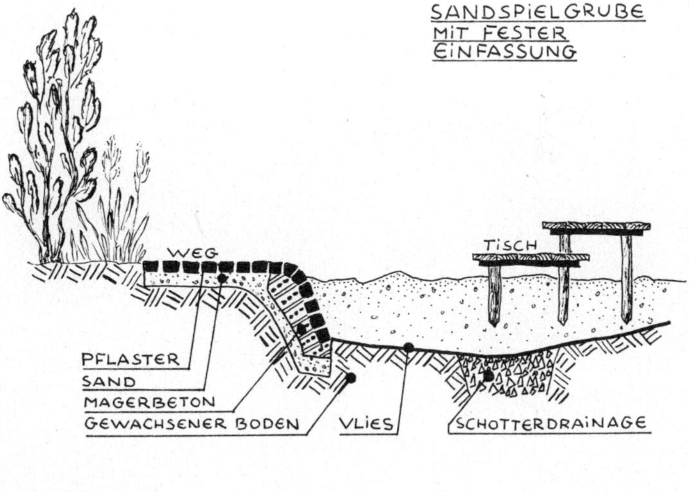

Beispiel Nr. 3
(Reihenhaus-)Gärten mit ihren oft nur 50 oder 60 Quadratmeter großen «Rasenflächen» sind für solche Lösungen zu klein. Hier wird es in der Regel sinnvoller sein, Sandflächen einzurichten, die festere Grenzen haben, zugleich aber mehrere Nutzungsmöglichkeiten. Beispiel: unsere Feuerstellensitzmulde, deren Sitzrand mit Bahnschwellen durch einen entsprechenden Anbau um einen Sandplatz mit verschiedenen Randhöhen ergänzt wurde. Wasser – es muß öfter nachgefüllt werden – ist drei Schritte weiter in zwei Steintrögen erreichbar und wird hin und her transportiert.

Beispiel Nr. 4
Für Höfe von Mietshäusern ergeben sich einfachere Lösungen, wenn man auf dem Hof eine Fläche ausmacht, welche nicht genutzt wird; bei Einigung mit dem Vermieter können dann vielleicht einfach zwei bis drei cbm Sand auf einen Haufen gekippt werden – für die Kinder eine tolle Sache, als Erwachsener muß man sich aber einen Besen und eine Schaufel zulegen.

Dies sind nur einige Beispiele, die sich beliebig abwandeln lassen, wobei aber für das Funktionieren Voraussetzung ist, daß der Sand nicht im engen, dafür vorgesehenen Bereich bleiben muß und daß er gegebenenfalls leicht zurückgeschaufelt werden kann.

Die Bergbesteigung

Wir sind bei Inges Schwester Dorle und ihrer Familie zu Besuch. Außer Dorles eigenen fünf Kindern im Alter von zwei bis acht Jahren sind noch zwei andere Nichten (5 bzw. 8 J.) da. Es wimmelt im Haus vor Kleinmenschen, der Trubel nimmt kein Ende.

Taubenschwänzchen

Die ersten Tage regnet es ziemlich viel, und am ersten Tag, an dem sie in den Garten können, streiten die größeren Kinder miteinander. Da kommt Dorle auf eine Idee, wie sie die Kinder auf andere Gedanken bringen kann.

Auf dem Nachbargrundstück ist Erde für den Hausbau ausgehoben worden. Gebirgeartig türmt sie sich in die Höhe – imponierend, wenn auch regenglitschig.

«Wie wär's mit einer Bergbesteigung?»

Großes Hallo. Dorles Vorschlag kommt an.

Jedes Kind packt seinen Rucksack; Dorle spendiert für den Reiseproviant individuelle süße Gaben. Bald haben alle ihre Gummistiefel an, die Rucksäcke auf, und es kann losgehen. Nur die beiden Kleinsten, darunter auch Tilo, schlummern noch im Mittagsschlaf. Und keiner denkt daran, sie zu wecken.

Die Bergbesteigung ist einfach ein riesiger Spaß! D. h. einfach ist sie nicht. Das rutscht und glitscht, so mancher erklommene Meter geht wieder verloren, indes: je erdiger Hände und Stiefel, um so größer das Hallo! Die nasse Erde setzt den mutigen Bergsteigern massiven Widerstand entgegen, besonders die Kleineren haben Mühe hochzukommen. Aber alle schaffen es: endlich – mit viel Strampeln unten und Ziehen oben – ist auch der letzte auf dem Gipfel angekommen. Zeit für Rast und Vesper.

Von unten macht Inge das Gipfelfoto. Der Erdhaufen ist wirklich ziemlich hoch, und deshalb ist später auf dem fertigen Foto nicht so arg viel zu erkennen.

Dann der Abstieg. Und der Empfang der Sieger: alle wieder unten, dreckig und glücklich.

Materialien im Garten

Die Anlage eines Gartens kommt ohne ortsfremde Materialien nicht aus. Dabei ist es gleichgültig, ob man einen «Naturgarten» anlegen oder einen «künstlerischen» Wohngarten gestalten will.

Die anzustrebenden Zielsetzungen der Naturnähe und kindgerechter Funktionserfüllung setzen Materialien voraus, die sich erheblich vom gängigen Standard unterscheiden:

Wege im Garten

üblich:

Asphalt (Einfahrten)
Betonflächen
Betonplatten, rauh
geschliffene Betonplatten
Kacheln (Spaltklinker)
Natursteinplatten

andere Materialien:

Pflaster/Kunststeine
Pflaster/Ziegel
Pflaster/Basalt
Pflaster/Granit
wassergebundene Wegedecken
Katzenkopfpflaster
unregelmäßiger Steinbelag aus Findlingen/Sandstein u. a.
Mulchwege (unbehandelte Baumrinden)

Die im Garten zu befestigenden Flächen haben unterschiedliche Aufgaben zu erfüllen und müssen verschiedenen Beanspruchungen standhalten.

Darauf müssen über die Wegebreite hinaus die Tragfähigkeit und Festigkeit abgestimmt werden.

– *Die Garagenzufahrt* benötigt entgegen der üblichen massiven Flächenbefestigung nur zwei Fahrspuren mit großer Tragfähigkeit, wobei die Oberfläche durchaus rauh, unregelmäßig und wasserdurchlässig sein kann: solch eine Zufahrt wird ja täglich nur zwei- bis viermal benutzt – meist lediglich morgens und abends. Vorteile: das Regenwasser versickert auf der nicht zugebauten Fläche, die mit widerstandsfähigen flachen Pflanzen bepflanzt wird; die Zufahrt wird Teil des Gartens und ist nicht ausschließlich Kfz-Verkehrsfläche.

– *Der Hauseingangsweg* mit möglichst ebener und fester Oberfläche wird am häufigsten begangen. Die Tragfähigkeit muß nicht besonders hoch sein. Gut verlegtes Basalt-, Granit- oder Ziegelpflaster befriedigten alle Ansprüche. Es kommt aber auch auf die Beziehung zum Haus an – die Materialien sollen sich entsprechen. Dies gilt sinngemäß auch für die Terrassenbeläge. Gewarnt sei an dieser Stelle ausdrücklich vor allen glatten Oberflächen wie geschliffene Betonplatten, glasierte Keramik- oder polierte Natursteinplatten wie Marmor u. ä.

Abgesehen davon, daß solche Beläge die Gemütlichkeit von Bahnhofstoiletten ausstrahlen und nach ständiger Sauberkeit verlangen, sind sie sehr glatt, bei Feuchtigkeit glitschig und deshalb gefährlich.

– *Die Hauptwege* des Gartens führen in den meisten Fällen von der Terrasse oder dem gesonderten Küchenausgang zur Garage, zum Kellereingang, zum Gemüse- und Kräuterbereich und zum Kompostplatz (Küchenabfälle). Daraus ergibt sich eigentlich von selbst, daß für diese Wege die gleichen Materialien wie für die Terrasse – besser: für den «Sitz- und Redeplatz» – verwendet werden.

Gleichzeitig muß man aber bedenken, daß Dreiradfahren vielleicht nur im Garten möglich ist, weil vor der Haustür die Gefahren zu groß sind. Kunststeinpflaster, Klinker, aber auch Betonplatten ermöglichen Roller- und Bobby-carfahren. Die Fahrgeräte für kleine Kinder haben alle kleine Räder, die schon bei kleinen Hindernissen nicht mehr rollen. Bei der Wegeführung muß man unbedingt darauf achten, daß Anfang und Ende deutlich und attraktiv sind und daß möglichst «Rundkurse» entstehen. Gefällstrecken ohne Treppchen machen besonders viel Spaß.

Auf solchen Wegen kann dann auch der Abfall für den Kompostplatz mit der kleinen Schubkarre transportiert werden.

Treppen sind besonders reizvolle Gestaltungselemente im Garten.

Dazu sollte man wissen, daß wegen der Bequemlichkeit immer eine unregelmäßige Stufenzahl gewählt werden soll. Die Steigungshöhe der Stufen sollte niedriger und die Auftrittsbreite größer sein als bei normalen Haustreppen im Inneren.

Treppen im Garten müssen nicht unbedingt einen Betonunterbau er-

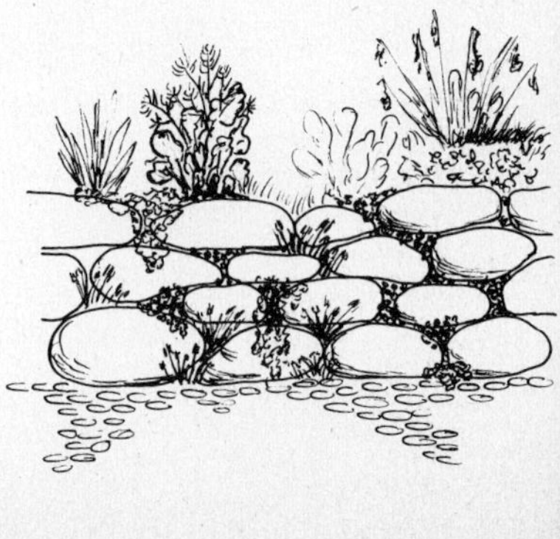

halten, wenn nur drei oder fünf Stufen benötigt werden. Gute und einfache Möglichkeiten ergeben sich, wenn man Blockstufen (Beton oder Holz-Bahnschwellen) verwendet und die Auftrittfläche mit einer Reihe Pflaster verbreitert.

In hinteren, «beruhigten» Gartenbezirken genügt es sogar, wenn man nur Pfade herrichtet und die Höhe nur mit einzelnen großen Trittsteinen überwindet (Kinder!).

– *Untergeordnete Wege* brauchen überhaupt nicht «ordentlich» befestigt zu werden. Es genügt häufig, ihnen einen pfadartigen Charakter zu geben und sie durch schmale Pflasterung oder auch durch Findlinge / Sandstein bei Nässe begehbar zu halten.

– Eine Sonderstellung nimmt in diesem Zusammenhang der *Mulchweg* aus unbehandelten Rindenabfällen (holzverarbeitende Industrie bzw entsprechendes Gewerbe!) oder aus selbst hergestelltem Holzhäcksel ein. Hier muß man durch einen Schotter / Sand-Unterbau mit Vliesabdeckung für schnellen Wasserabzug sorgen. Die Vorteile dieses «einfachen» Wegebaus liegen darin, daß

- Regenwasser flächig versickern kann (Grundwasser) und dadurch das gesamte Bodenmilieu für die Randflächen verbessert wird;
- diese Wege zuwachsen können;
- Kinder diese Gestaltung interessanter finden als die «übliche» und durch die Unebenheiten die Fußgelenke der Kleinsten gestärkt werden (ebene Flächen gibt es in der gebauten Umwelt genug);
- solche Pfade in kurzer Zeit in die Pflanzung integriert sind und
- als «Wege» fast verschwinden, aber dennoch begehbar sind.

In vielen Gärten sind *Stützmauern* erforderlich, um die Höhenunterschiede zu überwinden. Die beste Lösung stellen in solchen Fällen Trockenmauern dar. Als Werkstoffe kommen dafür Bruchsteine, gesägte Natursteine, aber auch Findlinge und Sandsteine sowie Holz in Betracht.

Für die *Trockenmauern* aus Steinmaterial gelten als Grundsätze:

Steine immer flach legen (auf die «faule» Seite) wegen der besseren Stabilität, aber auch wegen der dann sichtbaren «Lagerhaftigkeit»: so wie die Steine liegenbleiben würden, wenn sie vom Berg herabkullerten.

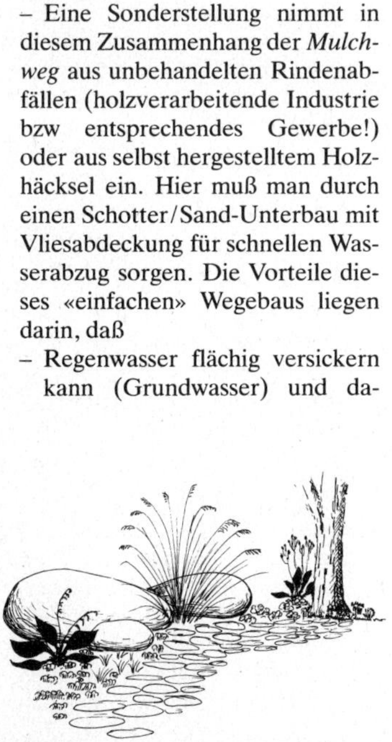

DIE „FAULE" SEITE DER STEINE

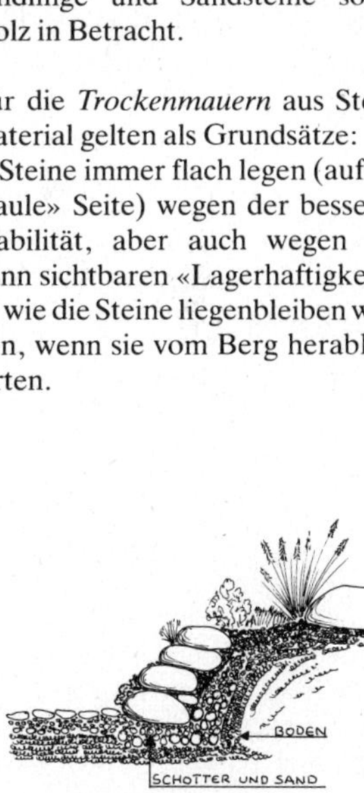

TROCKENMAUER SCHNITT

- Horizontale Fugen eng, vertikale Fugen in größeren Abständen weit setzen (hier kann dann bepflanzt werden).
- Die Mauer nicht genau vertikal, sondern mit kräftiger Neigung gegen Hang (Dossierung) aufbauen.
- Je nach Höhe kann es erforderlich werden, daß man hinter der Mauer eine wasserabführende Schicht einbaut (Schotter, Sand oder Drainplatten).

Solche Trockenmauern sind nicht nur beliebtes Spielareal für Kinder zum Klettern und Balancieren, sondern können auch schnell zu Lebensräumen für bedrohte Tiere werden (z. B. für Mauereidechsen und Erdkröten im Sommer, welche Nacktschnecken, Insekten usw. fressen).

Wem die Trockenmauer aus Steinmaterial zu schwierig ist, der kann sich mit «hölzernen» Lösungen behelfen, z.B. mit Bahnschwellen. Diese brauchen nur auf einen gut wasserabführenden Untergrund (Sand, Schotter) flach gelegt und von hinten mit Bauklammern verbunden zu werden. Gegen Hangwasser wird das Holz mit einer Dachpapplage von hinten geschützt. Die «Bahnschwellenmauern» sollten, wenn irgend möglich, so gebaut werden, daß die Schwellen horizontal, also liegend verwendet werden.

Die häufig zu sehenden senkrechten Palisadenwände mit Bahnschwellen lassen sich in aller Regel nicht befriedigend einbinden, sind weniger gut für andere Zwecke (Sitzmauer) zu benutzen und erfordern aus statischen Gründen umfangreiche Fundamentarbeiten. Die liegende Verwendung, wie bei den Steinen auch, entspricht viel mehr der Schwere und Klobigkeit des Materials; außerdem werden durch die horizontale Linienführung schmale Gärten optisch verbreitert.

Tricks und Kniffe für den Balkon

Für die Pflanzen ist der Balkon immer eine extreme Situation:

In engen Behältern können die Wurzeln sich nicht weit ausbreiten. Wasserversorgung aus der Tiefe ist nicht möglich. Entsprechend den Außentemperaturen werden die Erde und damit Wurzeln schnell warm oder kalt. Das ist den Pflanzen meistens nicht bekömmlich. Deshalb einige technische Ratschläge:

Balkonkästen

Besser geeignet als die Kunststoffkästen mit schrägen Seitenwänden sind z. B. Eternitkästen (allerdings: wegen des Asbestgehalts problematisch!) mit senkrechten Wänden und durch Farbe gebundene Oberflächen, weil bei diesen der Wurzelraum größer ist und die Erde nicht so schnell austrocknet. Am schönsten und sehr gut geeignet sind freilich unglasierte Tonkästen, die aber teuer und schwer sind.

Kübel und Töpfe

Für die Aufstellung auf dem Boden oder zum Aufhängen sind Tongefäße am wertvollsten. Neben der guten Standfestigkeit durch das Gewicht ergibt sich ein besserer Luft-Wasseraustausch. U. a. auch wegen der Undurchlässigkeit für Luft sind Kunststofftöpfe wenig geeignet, zumal sie außerdem im Sommer enorm viel Hitze aufnehmen.

Gefäße aus Holz haben nur begrenzte Lebensdauer.

Durch die Auswahl der Gefäße und auch deren «Verpackung» (z.B. Körbe als Übertöpfe) lassen sich bestimmte Stimmungen erzeugen – Sammelsurium verschiedenster Materialien vermeiden!

Große Gefäße für dauerhafte Schutzpflanzungen

Großgefäße, wie sie z. B. auf Dachterrassen zu finden sind, kommen für normale Balkons wegen des Platzbedarfs und des Gewichtes nur selten in Frage. Will man jedoch trotzdem an einer Stelle etwas Größeres pflanzen und die Statik läßt das zu (feuchter Boden ist sehr schwer), empfiehlt sich die Selbstbauweise in Holz.

Das Holz – es sollte unbedingt Massivholz sein! – muß gegen Fäulnis geschützt werden, Dachpappe oder Folie halten innen die Feuchtigkeit vom Kasten fern. Wir haben zwischen die innere Holzwand und die Schutzfolie noch eine Hartschaumplatte gelegt, damit die Erde im Winter nicht so starken und schnellen Temperaturwechseln ausgesetzt ist.

Bewässerung

Balkonbepflanzungen müssen ständig mit Wasser versorgt werden, weil, wie gesagt, die Wurzeln sich ja nicht tief aus dem Erdreich versorgen können. Und die Verdunstung der Pflanzen auf dem Balkon ist um ein Vielfaches höher, als durch Regen und Tau ersetzt werden kann.

Im Normalfall werden die Balkonpflanzen mit der Gießkanne versorgt. Bei längerer Abwesenheit ist die sicherste Methode noch immer die Pflege durch Nachbarn oder Freunde. Um die «Baumwollmethode» anzuwenden, muß man alle Gefäße an einem geschützten Platz zusammenstellen und die Enden jeweils mehrerer Baumwollfäden in den Blumentopf und in ein mit Wasser gefülltes Gefäß stecken. (Wassergefäß etwas höher stellen.) Dies ist einfach, aber nicht sehr sicher.

Wer viel Geld ausgeben kann oder will, kann sich im Fachhandel über die neuentwickelten automatischen Versorgungssysteme informieren lassen. Sehr wichtig: In jedem Fall muß man dafür sorgen, daß überschüssiges Wasser zügig aus den Pflanzgefäßen abgeführt wird. In den Balkonkästen, Töpfen und kleineren Kübeln genügen dafür Bodenlöcher mit Tonscherbenabdeckung. Bei größeren Gefäßen sollte man eine Sandschicht oder eine Kunststoffdrainplatte unten in das Gefäß legen. Wenn zuviel Wasser im Gefäß bleibt, fehlt der notwendige Sauerstoff in der Erde, die Folgen: Fäulnis von Pflanzenwurzeln und Absterben der Pflanzen.

Kapitel 8

Gefahren im Garten

Ernten und Naschen

«Beer, Beer!» Tilos Augen strahlen. Er ist 14 Monate alt. Wir sind im «Gut». Johannisbeeren kann Tilo schon alleine pflücken und essen. Mit den Erdbeeren dagegen ist das so eine Sache, da erwischt er meist die grünen und ist auf unsere Hilfe angewiesen, um sich die begehrten reifen Exemplare in den Mund schieben zu können.

Er mampft mit vollen Backen. Ich ernte weiter, und er macht einen Rundgang in die nähere Umgebung. Immer wieder schaue ich auf, um zu sehen, wo er seine Bahnen zieht. Ist er womöglich schon wieder zu nah bei den Kartoffeln oder den Spargelpflanzen? Diese «Beer» holt er sich nämlich auch, hat noch nicht begriffen, daß diese hübschen runden, aber giftigen Dinger ihm nicht gut bekommen können.

Nein, er ist nicht in gefährlichen Zonen. In der Nähe des Komposthaufens hat er mit der kleinen Schaufel in der Erde ein Wühlmausloch ausgemacht und stopft nun einen Stock hinein. Als das offenbar nichts mehr bringt, inspiziert er den Komposthaufen.

«Ei, Ei!» ruft er begeistert. Das ist wörtlich gemeint, in seinen Händen entdecke ich einige

Schwalbenschwanz-Raupe

leere Eierschalen. Er ist schon unterwegs und bringt sie mir.

«Das war vielleicht mal dein Frühstücksei, damit wird der Boden gedüngt, deshalb kommt es auf den Kompost.» Viel wird er mit der Auskunft noch nicht anfangen können, aber immerhin, er hört aufmerksam zu.

«Magst du mir beim Gurkenernten helfen?» Tilo geht mit mir zur Gurkenreihe, die kennt er schon. Er ist begeistert mitzumachen.

Tip
Vergiftungen oder deren Befürchtung sind ein Drama für alle Beteiligten. Man kann nicht davon ausgehen, daß der Hausarzt im Notfall die Pflanzen erkennt und die richtigen Maßnahmen einleitet. Wir schlagen vor, den Arzt vorzuwarnen, damit er mit Spezialinstituten spricht. Auch ist in schwereren Fällen die sofortige Kontaktaufnahme mit einem der Behandlungszentren für Vergiftungen (Adressen und Telefonnummern s. S. 144) zu empfehlen.

Ich schneide die kleinen Einlegegurken ab und gebe sie ihm, er legt sie in den Korb. Zwei Gurken findet er selbst und erntet sie.

Er ist stolz. Es ist ihm anzusehen.

Beim Tomatenernten gibt es dann leider einen Dämpfer für unseren begeisterten Kleinstgärtner. Voller Energie stürzt er auf einen Tomatenstock los, und schon hat er eine Tomate in der Hand, aber was für eine! Grün, grün, grün ...

«Schade, daß du 'ne grüne Tomate erwischt hast, die ist noch nicht reif. Hier bekommst du eine rote.»

Unbeirrt beißt er dennoch zuerst einmal in seine grüne Beute, dann probiert er die rote, saugt sie genüßlich aus, besinnt sich und wirft die grüne verachtungsvoll von sich.

«Komm, nun gehen wir heim. Vielleicht sehen wir unterwegs noch ein paar Brombeeren.»

«Beer, Beer!» Tilo rennt. Und nichts scheint ihn aufhalten zu können.

Brennesseln «abzangen»

Am Feldweg zum Gemüsegarten wachsen die Brennesseln büschelweise.

Einmal – Tilo war noch keine zwei Jahre alt – wollte er sie wohl genauer untersuchen, er faßte sie an, und groß war das Geschrei, seine Hand rötete sich, brannte, tat schlimm weh.

Seither achtet er, gebranntes Kind, auf diese Feuer-Pflanzen genau und macht einen großen Bogen um sie.

«Brennesseln brennen, au, das tut weh!»

Immer wieder fragt er bei Pflanzen, die eine gewisse Ähnlichkeit mit dem traumatischen Gewächs haben: «Brennesseln?» Manchmal deutet er auch auf solche Doppelgänger und sagt fest, wie um uns zu warnen: «Brennesseln!»

Die haben offenbar einen nachhaltigen Eindruck auf ihn gemacht.

Zeit vergeht.

Eines Tages beschäftigt er sich mit einem langen starken Grashalm. Er biegt ihn zusammen: «Mama, Mama, das eine Zange!»

Er wandert mit seiner «Zange» im Garten umher und sucht jetzt etwas, um sie auszuprobieren. Da! Einer von diesen Büschen mit den vermaledeiten Feuerblättern.

Mutig geht Tilo auf die Brennessel los und bearbeitet sie mit seiner Zange. Nach einer Weile kommt er zurück, stellt sich vor Inge auf, schaut sie zufrieden an und teilt ihr – mit einem leichten Triumph in der Stimme – mit:

«Tilo hat Brennesseln abbezangt!»

Lesetip
Frohne / Pfänder: Giftpflanzen, Wissenschaftliche Verlagsgesellschaft, Stuttgart 1982 (Sehr gute und übersichtliche Darstellung, mit guten Bildern, aber sehr teuer. Fachbuch)
Fitter, Fitter, Blamey: Pareys Blumenbuch, Verlag Paul Parey, Hamburg / Berlin 1975 (Bestimmungsbuch, mit dem auch Laien die gesamte Wildflora, inkl. Unkräutern, bestimmen können. Was giftig ist, muß man allerdings vorher wissen.)
Buff / von der Dunk: Giftpflanzen in Natur und Garten, Augsburger Bücher Verlags GmbH, Augsburg 1981 (Sehr gut bebildert, mit guten Beschreibungen. Der Begriff Gift ist sehr weit ausgelegt, unterliegt aber einer einleuchtenden Bewertung.)

Giftpflanzen im Garten und drum herum

Regelmäßig in jedem Sommer erscheinen in Tageszeitungen und Illustrierten reißerische Artikel über Vergiftungen von Kindern durch Verzehr von Pflanzen und Früchten.

Die Folge: Erlasse und Richtlinien aus Ministerien mit seitenlangen Pflanzenlisten, die nicht in die Nähe von öffentlichen Kinderspielplätzen, Kindergärten und Schulen gepflanzt bzw., wenn dort vorhanden, entfernt werden sollen. Darin sind dann auch solche Pflanzen erfaßt, die nur schwach giftig sind und höchstens leichte Übelkeit oder ähnliches hervorrufen.

Viel Angst und Verwirrung entsteht. Die häufig hysterischen Reaktionen von Eltern und Presse zeigen Unkenntnis und Angst vor der Natur überhaupt.

Folgendes halten wir für wichtig:

- 1. daß die wirklich gefährlichen Pflanzen aus Haus und Garten ferngehalten bzw. entfernt werden.
- 2. Da diese Pflanzen an anderen Stellen wachsen und Kinder und Erwachsene ihnen dort begegnen, ist es wichtig, sie zu kennen.

Pflanzen, die nur leicht giftig sind, verbannen wir nicht aus unserem Garten und auch nicht von der Fensterbank. (Manche – wie Kartoffeln, Bohnen und Spargel – gehören zum Gemüse und zum üblichen Anbau.) Vielmehr weisen wir Tilo mit Erfolg darauf hin, daß dies und jenes zu Bauchweh führt, wenn man es ißt. Seine Bauchweherfahrungen hat Tilo gewonnen, als er einmal in unglaublicher Gier händeweise Brombeeren in sich hineingestopft hat und es ihm etwas später sehr schlecht ging – der Hinweis darauf ist offensichtlich lange wirksam.

«Gift»pflanzen, die man kennen sollte

Gehölze

Stechpalme
Beliebtes einheimisches, wintergrünes Schattengehölz. Die roten Beeren sind auffällig – es wird über Leibschmerzen, Erbrechen und Durchfälle nach Verzehr von mehr als zwei Beeren berichtet.

Efeu
Häufiges Klettergehölz für Hauswände. Die grünlichschwarzen

10 Jahren. Alte Berichte über tödliche Vergiftungen sind vorsichtig zu

beurteilen. Die Früchte haben trockene, feste Häute, schmecken sehr bitter und sind für Kinder wohl uninteressant. Bericht über einen Selbstversuch: Eine zerkaute Beere verursachte nach zehn Minuten ein leichtes Brennen im Rachen von 15 Minuten Dauer.

Buchsbaum
Früher häufig für Einfassungen verwendetes Gehölz mit kleinen runden wintergrünen Blättern. Für Kinder uninteressant, weil ohne attraktive Blüten und Früchte. Es wird über Tiervergiftungen durch verfüttertes Laub berichtet.

Heckenkirsche
Sträucher und Schlinggehölze, weitverbreitet. Früchte je nach Art rot oder schwarz. In der Literatur wird über Bauchweh und Erbrechen erst nach Einnahme einer größeren Anzahl (30) der bitteren Beeren berichtet.

Holunder
Die Früchte von schwarzem Holunder (Fliederbeere), Trauben- und Zwergholunder führen bei Rohgenuß zu Erbrechen und Durchfall. Die harzartigen Stoffe in den Samen – nicht im Fruchtfleisch – werden durch Hitzeeinwirkung zerstört: Fliederbeergelee und -suppe sind bekanntlich beliebte Speisen.

Schnee- oder Knackbeere
Häufig in Parks und Gärten gepflanzt. Die weißen Beeren sind zum Spielen sehr beliebt. Bei Verzehr von größeren Mengen ist mit Erbrechen und Leibschmerzen zu rechnen.

Schneeball
Die roten bzw. schwarzen Früchte führen zu Erbrechen und Durchfall bei Genuß von größeren Mengen. Weniger als Ziersträucher, sondern mehr als Landschaftsgehölz gepflanzt.

Pfaffenhütchen
Die sehr attraktiven rot-orangenen Früchte reizen Kinder stark. In neuerer Zeit werden nur Fälle mit leichten Vergiftungssymptomen geschildert.

Goldregen
Sehr gefährlich!
Sehr beliebter Zierstrauch, der in allen Teilen giftig ist. Kinder sind besonders durch Blüten (lutschen) und die bohnenähnlichen Früchte gefährdet. (23 Goldregenhülsen haben bei einem Erwachsenen zum Tode geführt.) **Gehört nicht in Gärten mit Kindern.**

Blauregen, Glyzine
Beliebte und schön blühende Schlingpflanze (Hauswände). Gefährlich sind vor allem die Samen, allerdings fruchtet der Blauregen bei uns nur selten.

Besenginster
Dieser und auch die anderen Zierginsterarten enthalten giftige Alkaloide. Für Kinder sind vor allem die Samenschoten von Interesse.

Liguster
Liguster wird sehr oft als Hecke in den Gärten gepflanzt. Die Früchte werden häufig als sehr giftig bezeichnet. Nach neueren Berichten kommt es lediglich zu Durchfall und Erbrechen (bei einem Zweijährigen allerdings schon nach 2 Beeren!).

Faulbaum
Große Vorsicht!
Der Faulbaum kommt häufig in landschaftlichen Pflanzungen vor.

Alle Pflanzenteile enthalten ein Gift, das zu drastischen Durchfällen führen kann. Für Kinder sind vor allem die Beeren interessant.

Kreuzdorn
Große Vorsicht!
Als Droge wurden die Früchte als Abführmittel benutzt – deshalb im Volksmund auch der Name «Scheißbeeren». Sonst wie Faulbaum.

Zwergmispeln
Mispeln in zahlreichen kriechenden, fächerartig und hochwachsenden Formen bevölkern fast alle Gärten und Grünanlagen. In der Fachwelt waren sie jahrzehntelang die beliebtesten bodendeckenden Gehölze. Auffällig und deswegen für Kinder reizvoll sind die meistens roten Früchte, die bis in den Winter haften bleiben. In allen Teilen ist Blausäure in kleinen Mengen enthalten. Da die ganze Gattung noch nicht hinreichend untersucht worden ist, sollte man vermeiden, daß Kinder von ihnen essen. Aus Versuchen wurde errechnet, daß bei einem Menschen von 15 kg Körpergewicht 80 Beeren der Art C. divaricatus noch als ungiftige Menge angesehen werden können.

Feuerdorn
Ein sehr häufig gepflanzter dorniger Zierstrauch mit hübschen Beerendolden in rot oder gelb. Kinder werden durch die kräftige Färbung angelockt. Die Samen enthalten geringe Mengen Blausäure. Viele Anfragen (höchstens leichte Beschwerden) werden von den Beratungsstellen gemeldet.

Lorbeerkirschen
Beliebter wintergrüner Zierstrauch mit lederartigen Blättern. Die schwarzen Früchte stehen für Kinder gut erreichbar in Trauben über dem Laub. Blausäure ist im Fruchtfleisch in geringen, in den Samen in beachtlichen Mengen enthalten. Wenn die Samen unzerkaut verschluckt werden, ist nicht mit schweren Vergiftungen zu rechnen.

Eberesche / Vogelbeere
Weit verbreiteter kleiner Zierbaum und Landschaftsgehölz mit schönen roten Beeren. Werden sie roh genossen, können die Beeren zu Erbrechen und Bauchweh führen.

Das Gift kann durch Trocknen oder Kochen zerstört werden.

Pfirsich, Aprikose
In den Samen, also Kernen vieler Obstpflanzen sind beachtliche

Mengen Gift enthalten. Das gilt auch für die *Kerne* von Pflaumen und Bittermandeln.

Eibe
Häufig für immergrüne Hecken verwendetes Nadelgehölz. Bis auf das rote Fruchtfleisch ist die Eibe in allen Teilen (auch die Nadeln) stark giftig. Die für Kinder reizvolle kleine rote Frucht ist so lange ungefährlich, wie die Haut des Samens nicht beschädigt wird. Da man das nicht kontrollieren kann, raten wir vom Probieren ab.

Seidelbast
Sehr gefährlich!
Schon ab März rosa blühender Kleinstrauch, der gern gepflanzt wird. Die Pflanze ist in allen Teilen stark giftig. Kinder sind vor allem durch die Blüten und die roten Beeren gefährdet. – **Seidelbast gehört nicht in einen Garten mit Kindern.**

Stauden und Zwiebelgewächse

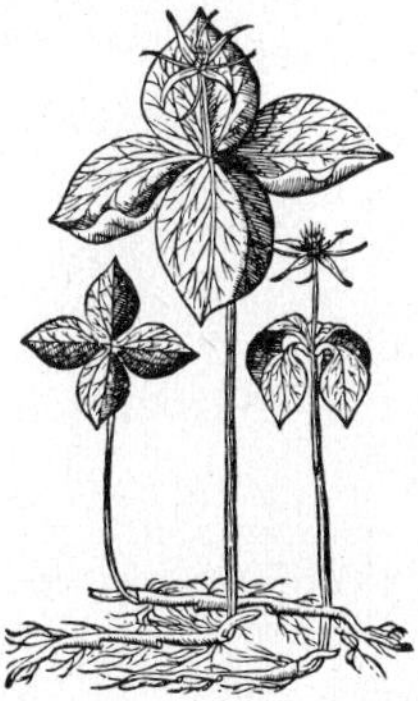

Eisenhut
Sehr gefährlich!
Eisenhut ist eine beliebte Zierstaude wegen ihrer schönen Blüte. Das Gift ist in allen Pflanzenteilen enthalten. Schon wenige Gramm können gefährlich werden (z.B.

Blumen für die Vase schneiden und mal probieren). Das Gift ist auch in allen anderen Eisenhutarten enthalten. **Aus Gärten, in denen Kinder spielen, dringend entfernen.** Eisenhut ist eine der giftigsten Pflanzen unserer Flora.

Fingerhut
Sehr gefährlich!
Der Fingerhut gehört mit zu den giftigsten Pflanzen unserer Flora. Wegen der Blütenform ist Fingerhut von Kindern gut zum Spielen zu gebrauchen. Schon wenige Gramm Laub genügen für schwerste Vergiftungen (z.B. Teekochen). **Fingerhut gehört nicht in Gärten mit Kindern.**

Christrose
Die Christrose ist eine beliebte im Winter blühende niedrige Staude. Giftig sind alle oberirdischen Pflanzenteile. Für Kinder wohl uninteressant.

Herbstzeitlose
Sehr gefährlich!
Die Herbstzeitlose ist ein schöner im Herbst blühender «Krokus» und wird dann gern von Kindern gepflückt. Alle Pflanzenteile sind giftig. **Nicht in Gärten mit Kindern pflanzen.**

Maiglöckchen
Das allseits bekannte Maiglöckchen ist nicht so stark giftig, wie Tageszeitungsberichte das nahelegen. Bei Einnahme der roten Beeren durch Kinder kommt es zu Übelkeit und Erbrechen.

Einjährige und Topfpflanzen

Wunderbaum, Christuspalme
Sehr gefährlich!
Ricinus ist eine alte Ölpflanze (Ägypten), die bei uns einjährig zur Zierde aus Samen gezogen wird – für Kinder hochinteressant wegen des gewaltigen Wachstums. **Hochgiftig sind die Samen. Diese dürfen auf keinen Fall in Kinderhände geraten.**

Dieffenbachie
Dieffenbachien sind beliebte Zimmerpflanzen mit meist weiß gefleckten, großen Blättern. Vergiftungen entstehen durch Kauen und Verschlucken von Pflanzenteilen. Das führt zu brennenden Schmerzen, Schwellungen und Sprachverlust. **Dieffenbachien gehören nicht in Haushalte mit kleinen Kindern.**

Oleander
(Nerium oleander)
Oleander ist eine gern für Terrassen und Balkons verwendete Kübelpflanze (nicht frosthart). Alle Pflanzenteile sind stark giftig. **Nicht in Haushalten mit Kindern verwenden.**

Becherprimel
Diese Topfprimeln sind wieder häufiger in den Geschäften zu finden. Viele Menschen reagieren auf Berührung mit Hautallergien.

Alpenveilchen
Beim Alpenveilchen ist die «Knolle» giftig. Gefahr für Kinder kann wohl nur entstehen, wenn so eine Pflanze irgendwo vergessen oder auf den Komposthaufen geworfen wurde und so für Kinder erreichbar ist.

Wandelröschen
(Lantana camara)
Das Wandelröschen erfreut sich wieder zunehmender Beliebtheit als Balkonpflanze. Die unreifen, grünen Früchte sind sehr giftig. Unproblematisch, wenn die verblühten Teile entfernt werden.

Gemüsepflanzen

Kartoffel
Alle grünen Pflanzenteile der Kartoffel sind giftig, auch die durch Licht grün gewordenen oder zu lange gelagerten Knollen. Im Garten sind für Kinder besonders die kugelrunden Beeren reizvoll.

Spargel
Als giftig werden die roten Beeren der ausgewachsenen Pflanze angesehen. Durch den Genuß sollen allerdings schlimmstenfalls leichte Beschwerden zu erwarten sein. Jedenfalls nichts für Kinder!

Busch-, Stangen- und Feuerbohnen
Obwohl allgemein bekannt ist, daß rohe Bohnen giftig sind, werden sie doch immer wieder roh gegessen. Kinder sind besonders gefährdet, weil die jungen Schoten süß schmecken. Übelkeit, Erbrechen, Bauchweh und Durchfall sind die Folgen.

Giftige «Unkräuter»

- Tollkirsche
- Stechapfel
- Bittersüß
- Bingelkraut
- Einbeere
- Zaunrübe

- Hahnenfuß
- Schöllkraut
- Bilsenkraut

– Nachtschatten

– Kreuzkraut

– Herkulesstaude
– Gefleckter Schierling

Die Liste der Giftpflanzen ist keineswegs vollständig. Sie ist nach den Kriterien Giftigkeit und Attraktivität für Kinder zusammengestellt. Es gibt noch viel mehr giftige Pflanzen; aber man muß ja nicht alles essen.

Die Liste ist selbstverständlich auch nur dann hilfreich, wenn man die genannten Pflanzen identifizieren kann, wozu Pflanzenbestimmungsbücher eine gute Hilfestellung bieten.

Behandlungszentren für Vergiftungen

Berlin

– Beratungsstelle für Vergiftungserscheinungen an der Universitäts-Kinderklinik, KAVH
Heunerweg 6, 1000 Berlin 19
Tel. 030/3023022

– Reanimationszentrum der Freien Universität Berlin, im Klinikum Charlottenburg, Spandauer Damm 130, 1000 Berlin 19
Tel. 030/303 54 66/2215/436, Zentrale: 30351

Bonn

Universitäts-Kinderklinik und Poliklinik Bonn – Informationszentrale gegen Vergiftungen
Adenauerallee 119, 5300 Bonn
Tel. 0228/213506, Zentrale: 21705156

Braunschweig

Medizinische Klinik des Städtischen Krankenhauses, Salzdahlumer Str. 90, 3300 Braunschweig
Tel. 0531/62290, Zentrale: 6880/6860

Bremen

Kliniken der Freien Hansestadt Bremen
Zentralkrankenhaus St.-Jürgen-Straße, Klinikum für Innere Medizin – Intensivstation – St.-Jürgen-Str., 2800 Bremen 1
Tel. 0421/4975268, diensthabender Arzt: 4973688

Freiburg
Universitäts-Kinderklinik, Freiburg
– Informationszentrale für Vergiftungen, Mathildenstr. 1, 7800 Freiburg
Tel. 0761/2704361, Pforte: 2704301, Zentrale: 2701

Göttingen
Universitäts-Kinderklinik und Poliklinik, Humboldtallee 38, 3400 Göttingen
Tel. 0551/396239/41, diensthabender Arzt über Zentrale: 3961 10/11

Hamburg
Giftinformationszentrale Hamburg: I. Medizinische Abteilung des Krankenhauses Barmbek, Rübenkamp 148, 2000 Hamburg 60
Tel. 040/6385346/45

Homburg/Saar
Beratungsstelle für Vergiftungsfälle im Kindesalter: Universitäts-Kinderklinik, 6650 Homburg/Saar
Tel. 06841/162257/162846, Zentrale: 161

Kiel
Zentralstelle zur Beratung bei Vergiftungsfällen an der I. Medizinischen Universitätsklinik Kiel, Schnittenhelmstr. 12, 2300 Kiel
Tel. 0431/5974268, Zentrale: 5971, Pförtner: 5972444/45

Koblenz
Städtisches Krankenhaus, Kemperhof, Koblenzer Str. 115, 5400 Koblenz
Tel. 0261/499648

Ludwigshafen
Städtische Krankenanstalten – Entgiftungszentrale, Bremserstr. 79, 6700 Ludwigshafen
Tel. 0621/503431, Zentrale: 5031

Mainz
Zentrum für Entgiftung und Giftinformation, Langenbeckstr. 1, 6500 Mainz
Tel. 06131/27406, Zentrale: 191

München
Giftnotruf, Ismaninger Str. 22, 8000 München
Tel. 089/41402211

Münster
Medizinische Klinik und Poliklinik, Westring 3, 4400 Münster
Tel. 0251/836245/836188/836259, Zentrale: 831

Nürnberg
II. Medizinische Klinik des Städtischen Klinikums – Toxikologische Intensivstation –, Flurstr. 17, 8500 Nürnberg 5
Tel. 0911/3982451

Papenburg
Marienhospital, Kinderabteilung, Hauptkanal rechts 75, 2990 Papenburg
Tel. 04961/831

Österreich:
Vergiftungs-Informations-Zentrale: 1. Medizinische Universitätsklinik, Spitalgasse 23, A-1090 Wien
Tel. 0043222/434343

Schweiz
Toxikologisches Zentrum, Klosbachstr. 107, CH-8030 Zürich
Tel. 00411/2515151 (Notfälle), 00411/2516666 (wenn kein Notfall vorliegt)

Stichwort

Was ein Kind lernt, wenn es in und mit dem Garten lebt

Neulich hörte ich (Inge) bei einer Tagung einen Vortrag über den Zusammenhang von Wahrnehmung, Bewegung und Spiel. Was ich da hörte, war für mich wie ein Aha-Erlebnis: Tilo lernt – wurde mir da klar – eine ganze Menge, ohne daß es uns pädagogische Anstrengung kostet, schon allein dadurch, daß er mit uns in und mit dem Garten lebt.

Für alle Sinne ist jede Menge Anregung vorhanden: es gibt so ungeheuer viel zu sehen, zu hören, zu tasten, erst recht zu schmecken und zu riechen. Das ist so anregend und spannend, daß man, wenn der Sinn dafür nicht zugeschüttet wird, das ganze Leben bis ins hohe Alter nicht genug davon bekommt.

In einem naturnahen Garten lernen Kinder nicht nur die Namen von Pflanzen und Tieren – ich staune immer wieder, wieviel solcher Namen Tilo mit knapp 2½ Jahren bereits in seinen Wortschatz aufgenommen hat –, aber die Namen sind das wenigste, was man von einem Tier oder einer Pflanze wissen kann.

Zum Beispiel Petersilie

Nehmen wir ein ganz einfaches Beispiel, die Petersilie: Tilo weiß, wie sie aussieht, wie sie sich anfühlt, wie sie riecht, wie sie schmeckt. Er weiß, wo sie in unserem Garten wächst, und er findet den Weg dorthin. Er weiß, wie sie geerntet wird, in welcher Menge sie etwa bei uns in der Küche gebraucht wird und wie sie dort weiterverarbeitet wird. Tilo hat schon öfter – auch als er noch jünger war als zweieinhalb – geholfen, sie auf einem großen Brett mit dem Wiegemesser kleinzuhacken, und hat sie dann etwa über das Möhrengemüse gegeben, das wir alle so gerne essen.

Die Stengel der Petersilie wandern in den Kompostmülleimer, der alle paar Tage in den Garten gebracht wird, wo sein Inhalt auf den Komposthaufen kommt. Tilo erlebt mit, wie der Kompost nach Umsetzung und Liegezeit im Frühjahr wieder auf die Beete gebracht und dann die neue Petersilie ausgesät wird. Da wächst sie mit der Zeit, und man kann wieder ernten.

Das alles erlebt Tilo nicht nur bei uns, er findet die Petersilie auch in Omis Garten; er sucht so lange, bis er sie gefunden hat, und man muß dann nur darauf achten, daß er nicht zuviel erntet, da sie dort nicht so üppig gedeiht wie bei uns.

Wenn ich dieses Petersilie-Lern-Beispiel mit dem Lernen in der Schule vergleiche, sieht das dort etwa so aus:

Petersilie wird auf einem Foto/Bild gezeigt, bestenfalls bringt der Lehrer – bei sehr wirklichkeitsnahem Unterricht – ein Sträußchen Petersilie mit.

Tilo wird sich sicher an seine Petersilie-Erlebnisse und -Erfahrungen erinnern und einiges davon erzählen können.

Aber was sagen den Kindern Bild und Erzählungen, wenn sie keine eigenen Erlebnisse und Erfahrungen mit der Sache haben? Vielleicht gibt es zu Hause nie so etwas, ein Garten ist auch nicht da. Welche Zeitverschwendung, über etwas so Unnötiges zu sprechen (jedenfalls so die – berechtigte – Sicht des Kindes).

Nun, vielleicht kommt so etwas wie Petersilie in der Schule überhaupt nicht vor, aber wenn Petersilie oder andere Pflanzen abgehandelt werden, sieht es sicher in der Regel so aus, wie ich es skizziert habe.

Wie sollte der Lehrer es auch anders machen? Er hat ja keinen Garten und keine Küche zur Verfügung und nicht genügend Zeit, um das Lehren und das Tun in eine Einheit zu bringen.

Das ist ganz anders, wenn das Kind gemeinsam mit seinen Erwachsenen in und mit dem Garten lebt.

Interesse, Handeln, Lernen

Warum lernt Tilo spielend leicht «alles über die Petersilie» und all das viele andere?

Ich glaube, einfach deshalb, weil es ihm Spaß macht und weil es ihn interessiert, weil er das, was um ihn herum vorgeht, begreifen und erfassen möchte.

Natürlich freut ihn auch unser Staunen, wenn er etwas weiß oder fertigbringt, was wir ihm kaum zugetraut hätten.

Sicher spielt es auch eine Rolle, daß wir Erwachsenen Freude am Garten und Gärtnern, am Ernten und Essen haben.

Aber das Entscheidende ist sein Spaß, den er dabei hat.

Und weil er aufmerksam beobachtet und an vieles, was er wahrnimmt, neugierig herangeht, bekommt er eine Menge mit: unterschiedliches Wetter und die (z. T. versetzten) Auswirkungen auf den Garten: wenn es sonnig ist, zuvor aber geregnet hat, braucht man nicht gießen, sollte man möglichst nicht auf die Beete treten, da die Erde dann festgetrampelt wird. Und so weiter.

Tilo bekommt den Kreislauf der Jahreszeiten mit, mit unterschiedlichem Wetter, Stimmungen, unterschiedlichen Höhepunkten, Ernten, Arbeiten, das ständige Zusammenwirken der verschiedensten Bedingungen.

Und vielleicht gibt es da auch einen Zusammenhang mit seiner *Sprachentwicklung*: Er war kaum zwei Jahre alt, da fing er an, «Wenn-dann-Sätze» zu bilden: «Wenn es Abend ist, dann wird das Windrad abgestellt.» Erst dachte ich an Zufall, aber dann kamen solche Sätze öfter vor. Überhaupt ist

Tilo in seiner Sprachentwicklung sehr weit, auch was den Wortschatz betrifft. Das verblüfft viele Leute, besonders auch Pädagogen. Ich bin sicher, daß das Leben in und mit dem Garten und seine dort gemachten Lernerfahrungen mit uns dafür von besonderer Bedeutung sind.

Tilo übt nicht nur sprachliche, sondern auch andere Fertigkeiten im Zusammenhang mit dem Garten. *Körperkoordination* trainiert er auf verschiedenste Weise: beim Klettern auf einen Hocker oder eine Leiter, um an die Zwetschen beim Ernten heranzukommen; wenn er Erde gräbt, wenn er beim Gießen und beim Ernten hilft. Der Garten hält auch außerordentlich viele Übungen der Feinmotorik bereit: Pflücken von Blumen, Abschneiden des Spargels, mit einer kleinen Gartenschere die Trauben im Weinberg abschneiden (als kleinster Helfer bei der Weinlese).

Wertorientierung

Tilo kennt – wie gesagt – schon den Zusammenhang von Säen, Pflanzen, Pflegen, Wachsen, Blühen, Früchtetragen, Reifen, Ernten, Essen, Kompostieren etc., den Kreislauf.

Er lernt dabei – und das ist für ihn manchmal außerordentlich schwierig –, daß man oft warten muß, etwa bis eine Frucht wirklich reif ist und sie ihren besten Geschmack erreicht hat.

Er lernt, daß die geernteten Dinge ihren Wert haben, der sich anders bemißt, als wenn sie gekauft sind. So viele Mühe, Pflege, Beobachtung haben sie gekostet, sie sind zu wertvoll, um sie verderben zu lassen. Wir geben uns Mühe mit der Verarbeitung und Lagerung, und Tilo hilft oft mit, etwa, die Kartoffeln in die Kisten im Keller zu sortieren.

Was wir selbst nicht verbrauchen können, wird verschenkt. Wir kennen genug Leute, die gerne etwas von uns nehmen.

Auch die Abfälle sind so wertvoll, daß sie wieder kompostiert werden.

Ich beobachte immer wieder, daß wir sorgsamer mit unseren Gartenerzeugnissen umgehen als Leute, die Obst und Gemüse «teuer» kaufen. Da achten wir selbstverständlich auch darauf, daß Tilo möglichst nichts mutwillig verdirbt und vermanscht. Das heißt nicht, daß er gehindert wird, Sachen genauer zu untersuchen.

Manche andere Eltern finden unsere Haltung etwas streng, aber uns ist das wichtig, und wir denken, daß es Tilo keinesfalls schadet.

Essen

Unserem Tilo schmeckt das Essen meist sehr gut, und er hat – im Vergleich mit anderen Kindern aus dem Bekanntenkreis – auch mehr Spaß und Ausdauer, am Tisch mit uns zu sitzen und gemütlich zu essen.

Er hat Normalgewicht, so daß wir uns über Überernährung keine Sorgen zu machen brauchen. Sicher trägt unsere eigene Haltung – daß auch wir Erwachsene Spaß am guten, schönen und gemütlichen Essen haben – ein Teil dazu bei. Aber gewiß spielt auch eine Rolle, daß Tilo halt um die Zusammenhänge weiß, aus denen unsere Lebensmittel kommen.

Und das ist nicht nur ein Wissen, sondern es hat auch eine gefühlsmäßige Qualität.

Tilo weiß, welche Hühner im Dorf die Eier für uns legen, und er ist oft genug dabei, wenn die Bauersfrau sie noch legewarm aus den Nestern holt.

Er kennt die Kühe, denen unsere Milch abgemolken wird, und besucht sie alle zwei Tage, wenn wir frische holen. Manchmal hilft er, ihnen Gras zum Futter hinzulegen; er interessiert sich für alles, was sich im Stall tut: wie die Kühe pinkeln und kacken (was dann Mist gibt, von dem wir dann auch im Garten brauchen).

Wenn ein Kälbchen geboren wird, ist das immer wieder ein besonderes Erlebnis. Und wenn wir gehen, verabschiedet er sich nicht nur von der netten Bauersfrau, sondern sagt auch «tschüs, Kühe!».

Tilo kennt die Bauern, bei denen wir das Korn für unser Brot und andere Mehlspeisen kaufen.

Er ist oft mit dabei, schiebt sich den Stuhl heran und schaut zu, wenn ich koche oder backe, hilft mit und probiert den Teig. Sehr gerne ißt er den ungebackenen Sauerteig oder probiert halbgegarte Getreidespeisen. Im Ausprobieren der verschiedensten Geschmacksrichtungen ist er überhaupt groß, er kostet ständig – wann immer sich Gelegenheit dazu bietet.

So besitzt er ein breites Spektrum an Geschmackserinnerungen. Er erkennt sofort, ob ich ihm einen Pfefferminz- oder einen Melissentee gemacht habe, und niemand kann ihm z. B. etwas anderes als Apfelsaft «verkaufen».

Tilos Erfahrungen auf diesem Gebiet sind gewiß um einiges anders als die vieler Kinder, die sich hauptsächlich in unserer Fertigwaren-Welt der Kaugummi-Cola-Ketchup-Limo- und Hamburger-Kultur bewegen. Ganz abgesehen davon, daß damit der Grundstein für die ernährungsbedingte Frühinvalidität ganzer Generationen gelegt wird, entgeht diesen Kindern ein breites Spektrum an Geruchs- und Geschmackserlebnissen, an Erfahrung.

Selbstverständlich ißt Tilo auch gerne Schokolade, aber er ist nicht zuckersüchtig oder süßabhängig: er nimmt den Tee auch ungesüßt. Viele Kinder verweigern das. Und für die Milch braucht er keine Kaba-Nesquick-Instant-Tropensonne; er genießt die Dinge, wie sie sind.

Leben und Tod

Durch das Leben in und mit dem Garten wird Tilo auch mit den Zusammenhängen von Werden und Vergehen, von Leben und Tod konfrontiert.

Er beobachtet, wie die Amseln im Buschwerk um das Haus – letzten Sommer fast über unserer Haustür – ihr Nest bauen, eines Tages sind junge Vögel ausgebrütet. Die Alten kommen und füttern emsig. Bald sind die Vögel flügge.

Aber zuvor ist eines aus dem Nest gefallen. Leblos liegt es auf dem Gartenweg. Daß der kleine Vogel nicht mehr ins Nest zurück kann, daß er keinen Piepser mehr macht, einfach «tot» ist, hat Tilo sehr beeindruckt.

Neulich fanden wir beim Ernten eine große Amsel tot in unserem Gemüsegarten. Ob die Katze daran schuld war oder ein Raubvogel? Oder ob sie etwas Giftiges gefressen hatte? Und auch als die tote Amsel längst eingegraben war, fragte Tilo immer wieder danach.

Oder die Katze: erst das unüberhörbare Katzengeschrei, wenn sie rollig ist; dann wird sie dicker und dicker, und eines Tages sind kleine Kätzchen da – an einer versteckten Stelle unseres Gartens. Eins darf die alte Katze aufziehen; man sieht es nur selten, weil sie es gut versteckt. Mäuse fängt sie in dieser Zeit viele, gelegentlich ist eine tote Maus im Garten zu finden.

Es passiert aber auch, daß Mäuse in unserem Wasserbecken ertrinken. Tilo und Julia sahen sich neulich interessiert eine solche ertrunkene Spitzmaus an, die ich aus dem Wasser gefischt hatte. Arme neugierige, unvorsichtige Maus! Danach wurde sie begraben.

Diese lästigen spontanen Kinder!

Was tun, wenn man keinen Garten, vielleicht nur einen Balkon oder nicht mal diesen hat? Wie kann man verhindern, daß dem Kind allzuviel entgeht?

Es ist klar, daß alle Lebensräume und Tätigkeiten viele ganzheitliche Lernmöglichkeiten bieten.

Wichtig ist, das Kind mitmachen zu lassen und sein Interesse nicht abzuwehren.

Das ist leichter gesagt als getan.

Z. B. erlebe ich oft beim Kochen, daß Tilo unbedingt mitmachen will, und ich bin überhaupt nicht begeistert davon. Es dauert alles länger, kostet mehr Nerven. Immer muß ich außer dem, was kocht (und nicht anbrennen sollte), auch noch im Auge behalten, was der Sohn so anstellt. Im ungünstigsten Moment leert er die Milch über sich, fettet alles wunderschön mit Margarine ein, schneidet sich mit dem Messer oder verbrennt sich am Herd. Oder er steht mit dem Stuhl gerade vor dem Kühlschrank, aus dem ich dringend etwas brauche, und ist beleidigt, wenn ich ihn wegschiebe.

Manchmal ist es wirklich chaotisch, und ich freue mich, wenn gerade zur Kochzeit etwas anderes passiert, das Tilo mehr interessiert.

In solchen Momenten oder hinterher halte ich manchmal ein Selbstgespräch. Ich nehme meine Gefühle wahr, die sich wünschen, ungestört und in aller Ruhe kochen zu können. Aber ich sage mir auch, daß ich nicht nur aus der Theorie, sondern aus der eigenen Beobachtung an meinem Kind (die für mich viel mehr zählt) weiß, wie wichtig solche Lernerfahrungen für Tilo sind. Daß ich ihm nicht in kleinen Raten das kaputtmachen darf, was ich ihm sehr für sein weiteres Leben wünsche: Neugier, Bereitschaft, etwas anzupacken, Mut, Dinge zu versuchen, die Mühe kosten und von denen nicht von vornherein feststeht, daß sie zu bewältigen sind.

Ich weiß, daß sich diese Persönlichkeitseigenschaften an solchen kleinen Vorkommnissen bilden, daß sie deshalb nicht auf die leichte Schulter genommen werden sollen.

Ich verstoße oft gegen diese Einsicht, weil ich eben auch nur ein Mensch bin. Damit muß ich leben. Und ich hoffe, daß Tilo es sich nicht abgewöhnt, mich gelegentlich zu überrumpeln – mit seiner Neugier und seinen Interessen.

Der hier angedeutete Konflikt zeigt sich natürlich auch im Garten: oft genug stört der kleine Kerl, wenn dringend etwas getan werden soll, vor allem wenn wenig Zeit ist.

Es muß einkalkuliert werden, daß nur die Hälfte vom Pensum geschafft werden kann, wenn Tilo da-

Beneidenswert …

… wer seinen Kindern eine Jugend im Grünen, im eigenen Garten mit seiner ganzen Vielfalt an Blüten und Pflanzen ermöglichen kann. Es ist ein unbezahlbarer Kraftquell, aus dem man ein Leben lang schöpfen kann. Und dabei ist so ein kindergerechter Garten nicht einmal teuer. Es gehört nur etwas Phantasie dazu, ihn einzurichten.

Fast noch leichter und nicht minder wichtig ist es, den Kindern mit einer kleinen finanziellen Starthilfe «für später» unter die Arme zu greifen.

bei ist. Manchmal ist es weniger. Oder wir gehen zu dritt in den Garten, einer arbeitet, der andere hat «Kinderdienst», kann mitarbeiten, solange Tilo das zuläßt.

Wenn man sich von vornherein darauf einstellt, spart man wirklich Nerven. Wenn nicht, fühlt Tilo gleich, daß wir ihn nicht brauchen können. Er trampelt auf den Beeten rum, rupft, kippt Körbe aus, nervt uns. Dann gibt's Geschimpfe, und wir sind unzufrieden mit uns, weil wir nichts schaffen und solche Schimpf-Situationen nicht mögen. Das ist dann immer eine verfahrene Situation mit üblem Nachgeschmack.

Dies also waren ein paar Anmerkungen dazu, was es für uns als Erwachsene bedeuten kann, uns auf die Lernbedürfnisse von Kleinkindern einzulassen, sei es im Garten, im Haus oder sonstwo.

Ganzheitliche Naturerfahrung, wenn man keinen Garten hat

Zurück zur Frage, wie man Kindern Naturerlebnisse und -erfahrungen auch ohne Garten nahebringen kann:

Welche Möglichkeiten sich bei Balkon- und Fensterbankpflanzungen bieten, läßt sich aus den entsprechenden Passagen im vorderen Teil des Buches erschließen.

Es gibt aber noch andere Gelegenheiten, um gemeinsam mit Kindern die Natur zu erleben. Bei gutem und «schlechtem» Wetter macht es den Kindern meist Spaß, viel hinauszugehen in die nähere und weitere Umgebung. Vielleicht findet sich eine Gärtnerei mit freundlichen Gärtnern, die den Kindern auch mal etwas zeigen und erklären und sie am Leben in der Gärtnerei etwas teilnehmen lassen.

Oder es ist ein Bauernhof erreichbar, auf dem Kinder einiges mitbekommen können. Manches kann nur erfahren werden, wenn man denselben Bauernhof öfters besucht und wenn man am dortigen Leben wenigstens ein bißchen teilnehmen kann. Mit der Zeit lernt man die Leute und die Tiere (Kühe, Hund, Katze etc.) näher kennen, erlebt bestimmte Situationen wie das Füttern der Tiere und kann dabei vielleicht auch mithelfen.

Es ist also nicht sinnvoll, die Kinder zu allen möglichen Bauernhöfen zu schleppen – es ist erstaunlich, wie wenig solche «Abwechslung» Kinder tatsächlich brauchen. Das ist wohl eher eine Erwachsenen-Marotte, sich nirgends mehr richtig einzulassen, immer den Reiz im Wechsel zu sehen. Also, Ferien auf dem Bauernhof ist unter diesen Voraussetzungen eine tolle Sache für Stadtkinder, wenn man Bauersleute gefunden hat, die auch Spaß an Kindern haben und sie etwas mitmachen lassen. Dann wird auch der zweite Urlaub an derselben Stelle nicht langweilig.

Sicher finden sich auch noch andere Gelegenheiten, irgendwo mit Kindern hinzugehen, wo etwas wächst und gedeiht. Vielleicht gibt's andere Familien mit Kindern in ähnlichem Alter, die einen kinderfreundlichen Garten haben. Vielleicht kann man zu ihnen Kontakt bekommen und mit der Zeit «gerngesehener Gast im Garten» werden.

Für mich sind gern gesehene Gäste mit Kindern in unserem Garten die, die ihre Kinder in Ruhe mitspielen lassen. Für Tilo ist es sehr schön, Besuch zu haben. Uns

Erwachsenen sind die Gäste am liebsten, die dann mal «Kinderdienst» bei allen Kindern, samt Tilo, übernehmen. Wir können dann etwas intensiver nebenbei im Garten arbeiten.

Solche Gäste sind uns immer hochwillkommen. Also, keine falsche Bescheidenheit gegenüber Gartenbesitzern, man hat ja schließlich als «Nichtgärtner» auch etwas zu bieten.

Und dann natürlich noch die Möglichkeiten für Naturerlebnisse: viel hinausgehen in Wald und Wiese, an Hecken und Felder, an Bäche, Kiesgruben, Teiche. Es lohnt sich, seine nähere Umgebung genau daraufhin anzusehen, wo solche Plätze sind.

Auch hier zählt wieder die Kontinuität. Lieber immer an denselben See schwimmen gehen, in dem man an ruhigen Nachmittagen noch Fische beobachten kann, wo man im Sand buddeln kann, wo es Schilf, Gras und Schattenbäume gibt. Dann sollte man mit derselben Kinder- und Erwachsenengruppe möglichst oft dorthin gehen – das kann den Sommerurlaub irgendwo weit weg ersetzen.

Neulich lernte ich Leute von einer Elterngruppe kennen, die seit Jahren mit ihren Klein- und Kindergartenkindern mehrmals in der Woche vormittags aus der Stadt in den Wald fahren, schon seit Jahren an denselben Platz. Den Kindern wurde das noch nie langweilig, weil sie so viel zu entdecken, zu tun und zu erleben hatten. Das ist sicher eine gute Möglichkeit: Das Erlebnis von Natur und natürlichen Abläufen und das Spiel in der Kindergruppe werden so miteinander verbunden. Die Erwachsenen teilen sich die Verantwortung, jeder hat einmal in der Woche Dienst.

Der Aufwand an Zeit, Organisation und Engagement für solche Unternehmungen ist schon viel höher, als wenn die Kinder eben mal in den Garten gehen können und die Erwachsenen dabei einige der anfallenden Arbeiten nebenher erledigen können.

Allerdings sind dann dafür einige «Vorleistungen», das Planen und Anlegen des Gartens, schon erbracht, die ja – wie dieses Buch zeigt – auch recht viel Überlegung, Zeit und Arbeit kosteten. Und die Pflege des Gartens ist ja auch nicht ganz «ohne».

Ob nun mit oder ohne Garten: der Aufwand von Zeit und Mühe, um mit Kindern die Natur zu erleben, lohnt – wie wir finden – auf jeden Fall. Und das nicht allein der Kinder wegen.

Lesetip

Joseph Bharat Cornell: Mit Kindern die Natur erleben, Ahorn-Verlag, 1979
(Viele Spielanregungen für Kinder in und mit der Natur. Sicher werden nicht alle Spiele jedem gefallen, aber es gibt viel Auswahl und genügend Denkanstöße.)

Glossar: Was heißt denn ...

Bankbeet
Pflanzfläche, die durch einen festen Rand (Stein, Beton) aus der Umgebung herausgehoben ist (viele Beispiele sind in verkehrsberuhigten Zonen zu sehen).

Biotop
Lebensraum, der aus allen Elementen wie Wasser, Boden, Luft und den Lebensgemeinschaften (Biozönose) besteht.

Drainschicht
Schicht oder auch nur großes Loch, daß mit Steinen verschiedener Größe oder Schotter gefüllt wird. Die Drainschicht dient zur schnellen Abführung des Wassers. Deshalb kommt es auf stabile Hohlräume an, die sich auch nicht mit Sand oder Erde zusetzen dürfen – siehe Vlies.

Grail
(Krail) Bodenlockerungsgerät mit 3 einmal gebogenen Zinken von 18 bis 20 cm Länge.

Grassoden
Vom Untergrund abgeschälte Rasen- oder Grasstücke.

Gründüngung
Aussaat von Pflanzenarten zur Bodenverbesserung. Man unterscheidet Vor- und Nachsaaten sowie ein- und zweijährige Gründüngung. Für die letzteren werden meistens stickstoffsammelnde Schmetterlingsblütler wie Erbsen, Wicken, Lupinen und Kleearten verwendet.

Hochbeet
Nach den Prinzipien des Hügelbeetes weiterentwickelt. Die Schichten werden nicht mehr in Form eines Hügels, sondern möglichst eben eingebracht. Die Zwischenräume zwischen zwei Hochbeeten werden mit organischem Rohmaterial und Abfällen gefüllt und dienen gleichzeitig als Wege.

Hügelbeet
Durch Ausheben des Bodens und Auffüllen von Reisig, Grassoden, Rohkompost entstandener Hügel, der hervorragend für Mischkulturen und in Verbindung mit einem Folientunnel auf Grund der entstehenden Wärme durch Verrottung besonders gut für Verfrühung von Kulturen geeignet ist.

Kultivator
(Krümmer) 10 bis 15 cm breites Gerät mit 3 gebogenen Zinken, an deren Ende jeweils eine kleine Schar angebracht ist (ergibt nur eine Arbeitstiefe von ca. 10 cm).

Landschaftsgerecht
Gestaltung und Bepflanzung, wie es der natürlichen Umgebung entspricht. Für Laien ist es oft schwierig festzustellen, was auf dem von Menschen unbeeinflußten Standort wachsen würde, weil alles genutzt wird. Hilfsweise kann man Erkenntnisse aus «vergessenen» Ekken und ungepflegten Waldrändern gewinnen. Auch landeskulturelle Gesichtspunkte können berücksichtigt werden.

Mangold
Früher häufig, jetzt nur wenig angebautes Blattgemüse mit spinatähnlichem Geschmack. Wird nur einmal im Frühjahr gesät und kann bis zum nächsten Frühjahr laufend

geerntet werden. Die Stengel in Butter separat gedünstet sind delikat. Mangold ist anspruchslos an Boden, Nährstoffen und Wasserversorgung. Neben den hohen Erträgen für die Küche liefert Mangold besonders im Sommer gutes Mulchmaterial.

Mulchen
Abdeckung des Bodens mit organischem Material im Zier- und Gemüsegarten. Mulchen führt zur Flächenkompostierung. Mulchen ist eine wichtige Maßnahme zur natürlichen Bodenverbesserung.

Mulchweg
Wege oder Pfade, die mit langsam verrottenden Materialien auf gewachsenem Boden abgedeckt werden (z. B. mit Baumrinde oder gehäckseltem Reisig)

Mutterboden
Oberste belebte Bodenschicht, die meistens dunkler gefärbt ist. Die dunkle Farbe entsteht durch die Humusstoffe.

Ökologie
Wissenschaft von den Beziehungen der Lebewesen zu ihrer Umwelt. Der Begriff wird zur Zeit häufig nur biologisch verwendet und blendet dann den Menschen aus (Bio-Ökologie, Sozial-Ökologie sind Teilgebiete).

Pergola
Gerüst (meistens aus Holz) zur Gliederung und/oder Beschattung von Flächen und Plätzen. Bepflanzung mit Kletter- und Schlingpflanzen.

Standortgerecht
Bezieht sich auf die Lage (sonnig, schattig) und den Boden (trocken, feucht, nährstoffarm, -reich). Die natürliche Vegetation ist nicht von Bedeutung.

Trockenmauer
Aus Steinen oder Holz nur mit Sand und Erde aufgerichtete Mauer. Bei gutem Aufbau sehr haltbar. Aus bäuerlichen Kulturen stehen heute noch Mauern, die vor mehreren hundert Jahren errichtet wurden.

Vlies
Dichtes, aber wasserdurchlässiges Kunststoffgewebe. Wird überall eingesetzt, wo die Vermischung verschiedener Schichten verhindert werden soll.

Zuckerhut
Aus der Zichorie gezüchteter Herbstsalat, der auch leichte Fröste verträgt. Die großen Köpfe haben eine zuckerhutähnliche Form. Der Geschmack ist leicht bitter. Aussaat im Juli/August und ohne besondere Kulturansprüche.

Register:

Literatur

Bambach: *Der Garten,* Falken Verlag, Niedernhausen 1977
Sehr empfehlenswertes Standardwerk für alle Bereiche des Gartens.

Bund Naturschutz in Bayern (Hg.): *Ökologischer Garten*, Fischer Taschenbuch Verlag, Frankfurt/Main 1981
Planung, Herrichtung und Pflege des Gartens werden nach ökologischen Gesichtspunkten verständlich beschrieben. Für den Anfänger sehr empfehlenswert.

v. Heynitz/Merckens: *Das biologische Gartenbuch,* Ulmer, Stuttgart 1982
Abgesehen vom irreführenden Titel eine sehr gute Gesamtdarstellung verschiedenster Gartenbaumethoden.

Schwarz: *Der Naturgarten,* Krüger Verlag, Frankfurt/Main 1980
Viele Anregungen zum Nachdenken und Nachmachen, schöne Bilder.

Wieland/Boden-Diske: *Grün kaputt,* Raben Verlag, München 1983
Beeindruckende Bilanz zur Einstimmung, sehr gute Bilder.

2039/1

2035/2